Grundriß
der
Elementar-Geographie
für
untere Gymnasial- und höhere Bürgerschul-Klassen,
oder
allgemeine Beschreibung des Kummerschen Relief-Globus,
entworfen
von

S. Fr. A. Reuscher,
Director des Friedrich-Wilhelms-Gymnasiums zu Cottbus.

Berlin.
Gedruckt und verlegt bei G. Reimer.
1837.

Vorwort.

Der nachstehende Abriß einer Elementar-Geographie zum Schul- und Unterrichtsgebrauch auf der untersten Lehrstufe der betreffenden Wissenschaft ist zunächst in der Absicht entworfen worden, um die von demselben Verf. im Jahre 1826 im Druck erschienenen Umrisse der Erd- und Länderkunde u. s. w. sowohl in Materie als Form völlig umzuarbeiten und zu verbessern. Denn wiewohl jene allgemeine Umrisse, nicht allein von Einer Königl. Regierung zu Frankfurth an der Oder zur Einführung in die Volks- und Bürgerschulen durch das Amtsblatt öffentlich empfohlen, sondern auch anderweitig mit Beifall aufgenommen, wenigstens bei dem hiesigen Gymnasium mit anerkanntem Nutzen gebraucht wurden: so erweisen sich dieselben doch jetzt und nach einem 10jährigen Schulgebrauche bei dem fortgeschrittenem Entwickelungsgange der geographischen Wissenschaft und des Unterrichtswesens, als unzulänglich und unbefriedigend. Dazu kommt, daß der Verfasser seitdem auch für den Geschichtsunterricht und dessen methodischen Vortrag und Gang auf der untersten Klassenstufe des hiesigen Gymnasiums durch Herausgabe seiner „historischen Vorschule" nach Pflicht und Kräften zu sorgen gestrebt, und zunächst die Genugthuung erhalten hat, daß Einer Königl. Regierung auch dieser Leitfaden nach genommener Einsicht empfehlungswerth erschienen ist. An denselben oder an jene Vorschule soll sich nun vorliegender propädeutischer Entwurf in der Art anschließen, daß einer den andern erklärt, erläutert und ergänzt und beide Lehrbücher zusammengenommen die Grundlage des geographisch-historischen Unterrichts für die erste Bildungsstufe in dieser Disciplin an dem, unter der Leitung des Herausgebers stehendem Gymnasium bilden, eine Grundlage, auf welche der mündliche Lehrvortrag an- und ausfüllend, Gefüge, Gestalt und Farbe gebend fortzubauen hat. Daß bei der Anlage und Ausarbeitung dieses Büchleins von dem Kummerschen Relief-Globus principienmäßig ausgegangen und derselbe gleichsam zum Aufzug und Einschlage des Werkes gewählt worden, wird jeder in dem Grade billigen, in welchem er die vorzügliche Brauchbarkeit dieses geographischen Lehr- und Versinnlichungsmittels aus eigener Erfahrung kennt. Nächst dem sind es die in der Oberflächen- und Terrain-Darstellung so vortrefflichen Karten des rc. Rühle von Lilienstern, welche wenigstens theilweise in den Händen der Schüler sein müssen, um unter Anleitung des commentirenden Lehrers für den nachfolgenden Text die erste und unentbehrliche Fundamental=Anschauung zu gewinnen. Ob übrigens bei dem Allen nnd bei dem von Berufs=pflicht und Sachinteresse gleich stark durchdrungenen Willen dessen sich der Unterzeichnete redlich bewußt ist, die geographische Lehrmethode von Unten herauf durch Festhaltung und Durchführung ihres obersten Grund=satzes mehr und mehr auszubilden und praktisch zu be=fördern, dieser neue Versuch einen thatsächlichen förder=lichen Werth und Vorzug habe, wenn nicht vor der Unzahl ähnlicher Versuche, doch vor den obigen „Um=rissen" die sich auf die Brauchbarkeit eines häuslichen Lesebuches beschränkten; ist bei dem gegenwärtigen Standpuncte der geographischen Methodik eher zu wün=schen als zu hoffen. Denn ich theile mit Carl Ritter die Ueberzeugung, daß die Aogrensche Constructions=Methode vor allen bisherigen Compendien der Elemen=tar=Geographie den Vorzug verdient, insofern dieselbe den Schüler, vor allem Dociren des Lehrers, anhält, sich selbst erst seine Landkarte auf eine so sichre und richtige Weise zu entwerfen, daß diese in ihren Formen und Verhältnissen ihm stets erinnerlich als Bild vor der Seele schwebt. Bis dahin also, wo diese neue mathematische und topische Methode sich und der Wis=senschaft selber eine neue Bahn gebrochen hat, wird und muß es genügen, die alte scholastische Methode von ihrem compilatorischen Ballast und Aggregations=Verfahren in dem Maaße zu reinigen und zu verwah=ren, daß aus der consequenten Durchführung des topi=schen Princips der Wissenschaft auf den Grund einer bereits gegebenen musterhaften Construction und Form das rationelle und philosophische Element des geographischen Unterrichts und demnach auch der belebende und bildende Geist der Wissenschaft selber wenn auch nur in einzelnen Licht und Wärme gebenden Funken hervortrete und in das Gemüth des Lehrlings so eindringe, daß er in der Auffassung der Elementartheile das Verhältniß derselben theils unter sich und zum Ganzen der Wissenschaft, theils zur Natur und Geschichte ahnden und mit steigendem Interesse auf den nächst höhern Lehrstufen verfolgen lerne. Freilich verbürgt einen so erwünschten als didaktisch angemeßnen Erfolg weniger das schriftliche Wort als die mündliche Rede und der beredte, an- und aufregende Vortrag des tüchtigen Lehrers. Dieser wird denn auch die wenigen mathematisch-astronomischen Vorbegriffe oder diejenigen Grundlehren aus der Kosmographie auszuwählen und in historischer Form vorzutragen wissen, die den erforderlichen Ein- und Uebergang zu der elementaren Erdkunde begründen; wo nicht, so sind dieselben mit Wahl und Anschluß an den bemeßnen Lehrgang aus dem für die IIIte Gymnasialklasse im Drucke bereits 1830 erschienenen Abrisse der Elementar-Geographie, Seite 18 folg. leicht zu entnehmen.

Einleitung.

Wie jeder Globus, so ist auch der gegenwärtige eine künstliche Abbildung der Erdkugel — Behufs des (geographischen) Unterrichts — im Kleinen, oder eine technische (plastische) Darstellung des Erdkörpers nach seiner Kugelgestalt (als Sphäroid) und seiner Oberfläche im verjüngten Maaßstabe. Jedoch unterscheidet sich der hier frei hangende und schwebende und von einem vaterländischen Künstler (Kummer zu Berlin) aus einer feinen und sehr haltbaren Papiermasse gearbeitete Globus wesentlich und vortheilhaft von denjenigen Globen oder künstlichen Erdkugeln, welche früher in den Schulen zu Unterrichtszwecken gebraucht wurden. Denn wie diese ältern Platt- und Flach-Globen oder Plan-Globen waren, so ist der neue Kummersche Globus ein Relief-Globus d. h. ein erhaben gearbeiteter Globus oder ein Globus in erhabener Arbeit (en relief), ein Höhen-Globus. Derselbe stellt demnach auf eine eben so naturgemäße als anschauliche Weise, durch Anwendung technischer Mittel (Kunstmittel), die Höhen und die denselben entsprechenden Tiefen oder die Höhen- und Tiefen-Verhältnisse der Erdoberfläche abbildlich oder plastisch dar, während die andern, früher und auch wohl jetzt noch schulgebräuchlichen Plan-Globen die Verhältnisse der Höhe und Tiefe oder die Unebenheiten der Erdoberfläche entweder gar nicht, oder nur sehr unvollkommen nachformten und darstellten (durch Schattirung, Profilzeichnung u. s. w.). Die Folge davon war, daß sie ein naturwidriges und ungetreues Abbild des gerade in seiner Mannigfaltigkeit (Erhebung und Vertiefung) so großartigen, erhabenen und schönen Gegenstandes, als das Panorama der Erdfläche ist, lieferten. Denn da jene ältern Schul-Globen alle Unebenheiten der Erdrinde, Land und Wasser, Berg und Thal u. s. w., wie in Einer Fläche oder Ebene (in plano) liegend darstellten: so schien es, als wenn die natürliche und wirkliche Erdoberfläche eben so eben und glatt sey, als die künstliche und nachgebildete einer geometrischen Kugel: ein Schein und eine Täuschung, die erst durch die wissenschaftliche Belehrung berichtigt und aufgehoben werden mußten. Dagegen lehrt und unterrichtet dieser neue Relief-Globus, in sofern er ein unter Umständen und Bedingungen möglich getreues Nach- und Abbild der Form der Erdoberfläche ist, erforderlichen Falls auch ohne Buch (und Vorbegriffe), weil er jene Form und ihre wesentliche Verschiedenheit und Mannigfaltigkeit nicht bloß dem Gesichte, sondern auch dem Gefühle darstellt, überhaupt die Formverhältnisse der Erdoberfläche zu einer klaren und vergleichenden Anschauung bringt. So nimmt z. B. der Lehrling unmittelbar und ohne vorher eingelernte Begriffe wahr, indem er den Relief-Globus betrachtet und betastet:

a) Daß alles feste Land (die feste Form der Erdoberfläche) über das tiefer stehende Wasser und Meer (die flüssige Form der Erdoberfläche) emporragt (als hoher Erd- und Länderrand).

b) Daß diese Emporragung oder Erhebung des Festlandes über das Gewässer nicht überall gleich ist; hier ist z. B. die Küste oder das Gestade hoch und steil, dort niedrig und flach (Steilküsten, Flachküsten); hier erscheint das Land im Innern, besonders in der Nähe von Seen (Binnenseen), eingedrückt, eingesenkt (Senkung, Niederung), oder verhältnißmäßig tief und flach (Tieffläche, Tiefebene); dort erscheint es wieder in Masse hochaufsteigend, sich erhebend nach allen Richtungen hin und wie ein gewaltiger Rücken oder Buckel sich ausbreitend (Hochebene, Hochfläche, Hochland, überhaupt Plateau).

c) Daß insonderheit einzelne Erdstellen und Ländertheile nicht sowohl weit und breit oder im Ganzen und in Masse, sondern mehr schmal und spitz, hoch und steil emporragen und wie aus der Tiefe oder von einer bereits hohen Grundfläche aus plötzlich hoch und höher aufsteigen (Berge, Gebirge, Bergketten) und weiß getüpfelt erscheinen, zum Zeichen, daß sie Schnee und Eis auf ihren höchsten Spitzen (Kuppen, Häuptern, Hörnern) tragen (Schneelinie, Schneeregion).

d) Daß endlich die hohen Bergkegel und Bergpyramiden sowohl, als die hohen, langen und breiten Gebirgsflächen, Erdbuckel — Plateaux mit Einem Wort — hier steil abfallen und wie in die Tiefe stürzen, dort allmählich sich abdachen und absenken und in Thäler oder niedere Ebenen übergehen, wie denn auch dergleichen Uebergänge von den Höhen zu den Tiefen (vom Hoch- zum Tieflande) ihren besondern Namen haben (Stufen- oder Terrassenländer). — Ferner sieht der Lehrling bei Betrachtung des Globus, welcher die Höhen und Tiefen in ihrer Lage und Stellung über dem Meere und unter sich selber sinnlich andeutet:

e) daß das Meer, die Seen und Flüsse blau,

f) der ewige Schnee auf den Hochgebirgen so wie das starrende Eis (Eisberge, Eisfelder) an den äußersten Puncten der Erdaxe (an den Polen oder in den Polarmeeren) weiß,

g) daß die großen Sandwüsten (die Sahara, Gobi) gelb,

h) die tiefen und dichten Hochwaldungen und Urwälder grün,

i) die hohen, dürren, trocknen Grassteppen braun und gelbbraun u. s. w. gefärbt worden sind, ein Umstand, welcher auf den ersten Anblick die so wichtige Verschiedenheit der Erddecke erkennen lehrt; wie sehr auch die Kunst der Ausführung (auf einer so kleinen Fläche und in den verkleinertsten Raum- und Maaßverhältnissen) hinter der Natur zurückbleiben mag.

Wenn nun den gegebenen Andeutungen zufolge der Relief-Globus sinnlich darstellt die 4 großen und charakteristischen Hauptformen der Erdoberfläche.

1) Die Hochländer — oder die langen, breiten und hohen Plateaux (die Hochebenen);
2) die Tiefländer oder die langen und breiten Tief- und Flachebenen;
3) die zwischen beiden in der Mitte liegenden Uebergangs- und Mittelhochländer — die Stufen- und Terrassenländer;
4) die Gebirge, welche auf jenen Flächen stehen und dieselben entweder als hohe Ränder umgeben (Randgebirge), oder in langen Zügen über Hoch- und Tiefflächen hinziehen (Kettengebirge), oder in einzelnen breiten und dichten Haufen sich erheben (Gruppen- und Massengebirge):

so rechtfertigt derselbe seinen Titel vollkommen und um so mehr, je mehr die nachfolgende historische Beschreibung der Erdoberfläche lehren wird, daß dieselbe im Ganzen und im Verhältniß zu den Wassertiefen, den Meeres- und Seebecken, den Strom- und Flußthälern selber ein Relief in Natur, d. h.

ein bewundernswürdiges, über den unsichtbaren, tiefen Grund der Gewässer aufgeführtes und von der Allmacht des Weltschöpfers nach Gesetzen der Weisheit aufgebauetes, **erhabenes** und majestätisches Naturwerk ist.

Anmerkung. Plateau (Hochfläche, Hochebene) heißt in der geogr. Kunstsprache jede über dem Meere 500 — 1000 Fuß hoch liegende Landfläche (Bodenfläche, Terrain) von mäßigem Umfange. Ist das Plateau von beträchtlichem Umfange (bedeutender Größe — Länge und Breite —) und angemessener Höhe so heißt es ein Hochland. Ein Hochland von 1000 — 5000 Fuß heißt ein Hochland 2ter Größe oder Klasse; von 5000 — 10000 Fuß ein Hochland 1ster Größe oder Klasse. Stehen auf einem Hochlande (wie häufig) Gebirge, so ist das Hochland zugleich ein Gebirgsland (d. h. ein Land, wo Berge und Thäler, Höhen und Tiefen ununterbrochen abwechseln); trägt ein Hochland keine Berge oder Gebirge, sondern ist es eine wellen- oder tafelförmige Hochebene — so heißt es ein Tafelland.

Die drei Erdfesten (Continente) und ihre Theile

(die 5 Erdtheile)

in ihrer allgemeinen Gestalt und Form, besonders in ihren Höhenverhältnissen zum Ocean und dessen Theilen oder zu den 5 Erdmeeren (Weltmeeren, Hauptmeeren.).

(§. 1 — 7.)

§. 1.

Die Erde, einer von den Millionen Weltkörpern, welche den Himmelsraum erfüllen und durch denselben in gesetzlich bestimmten Bahnen rollen, der dritte von den Planeten, welche sich um die Sonne, als um denjenigen Weltkörper (Fixstern), bewegen, von welchem sie Licht und Leben empfangen, ist, wie die übrigen Planeten, ein kugelförmiger Körper (sphärischer).

Die Oberfläche der Erdkugel (über 9 Mill. Quad. M. groß mit 9 — 10 Mill. Bew.) ist daher eine Kugelfläche (sphärische Fläche) oder eine krumme, gekrümmte, d. h. keine ebene Körperfläche, woraus zunächst folgt, daß auch kein Theil der Erdfläche (weder Land= noch Wasserfläche) eine Ebene im eigentlichen und mathematischen Sinne ist. Ein Theil der Erd=

oberfläche und zwar der kleinere steht unmittelbar mit der Luft und dem Licht in Berührung und Verbindung (mit der Atmosphäre) oder liegt trocken (lufttrocken); ein anderer und zwar der größere Theil berührt die umgebende Luft nicht unmittelbar, sondern nur mittelbar, weil er mit Wasser bedeckt und daher naß und feucht (wasserfeucht) ist. Hiernach zerfällt die Erdoberfläche in zwei wesentlich verschiedene Flächen, in eine trockne und nasse; jene heißt die feste Erdfläche oder das feste, trockne Land, diese die flüssige Erdfläche oder die Wasserfläche.

Land und Wasser sind also Gegensätze, entgegengesetzte Zustände oder Eigenschaften (Elemente) der Erdoberfläche (oder Erdrinde); das Wasser erscheint in steter Bewegung, in unaufhörlichem Fluß (das bewegliche Element); das Land an sich dagegen stellt sich in unbeweglicher Ruhe und in festem, starrem Zusammenhang dar. Beides jedoch, Wasser und Land sind in sofern nicht todte, sondern belebte Elemente, als sie mit lebendigen Wesen und Geschöpfen (unorganischen, organischen) angefüllt sind, die für unmittelbare Erzeugnisse und Gebilde der Natur gelten (Naturproducte — Wasser= (See=), Land=Producte). Das vollkommenste Geschöpf der Erde aber ist — mittelbar — ein Product des Festlandes, der Mensch, ursprünglich ein unmittelbares Werk Gottes, der heiligen Religions=Urkunde zufolge ein Geschöpf von Erde und für die Erde, als die erste Stätte und den nächsten Schauplatz seiner Wirksamkeit und Thätigkeit geschaffen, aber zu einem fortgesetzten höhern himmlischen Daseyn im unendlichen Weltall (Universum) bestimmt.

Wiewohl nun Wasser und Land ihrer Natur nach einander entgegengesetzt sind: so stehen sie doch mit einander in innigster Berührung und Verbindung, in einer Art von Wechselwirkung; eines belebt, bildet und gestaltet oder zerstört scheinbar das andere, um neue Formen hervorzubringen, während die Grundform, der Kern, unverändert bleibt. Das Wasser umspült und umgiebt nämlich das feste Land von allen Seiten, nach allen Richtungen hin und in einem nur durch das feste Land selber theilweise unterbrochenen Zusammenhange.

Diejenigen Wasserflächen nun, welche durch das feste Land wenig oder gar nicht unterbrochen sind, sondern ein großes zusammenhangendes Ganze bilden, heißen Meere oder Oceane, und da, wo sie das feste Land berühren oder mit demselben zusammenstoßen und von demselben auf mehreren Seiten eingeschlossen und eingeengt werden, Meeres=Theile (Theile oder Glieder des Oceans).

Da die Theile des Oceans, wie die Glieder eines Körpers,

aber in einem stetigen Zusammenhange und in einer wechselseitigen Wirkung stehen (Druck, Gleichgewicht des Wassers): so giebt es eigentlich nur Ein großes und allgemeines oceanisches Wasser oder Ein Meer, das Erdmeer oder Weltmeer genannt, welches (mit wenigen Ausnahmen) überall (bei einer Tiefe von 1000 — 20000 Fuß) eine gleiche Höhe hat oder von dem Mittelpunct der Erde gleich weit absteht. — Beide Flächen übrigens — die großen Wasser- und Landflächen — bilden zusammen die gesammte Erdoberfläche und stehen in einem bestimmten Höhenverhältniß zu einander (die Wasserfläche tiefer, die Luftfläche höher. (Siehe unten).

Anmerkungen. 1) Der Flächeninhalt der Erdoberfläche wird auf 9 — 10 Millionen Quadrat-Meilen geschätzt; von diesem Flächenraum nimmt das Wasser ungefähr $\frac{2}{3}$ (also 6 — 7 Mill. Quadrat Meilen) ein.

2) Die scheinbar willkürliche Vertheilung des Wassers und Landes auf der Erdoberfläche beruht auf Naturgesetzen (das Wasser ist unter Anderm durch seine stete Verdunstung und Verdichtung zu Wolken, die sich in wässrigen Meteoren niederschlagen) zur Befruchtung des trocknen Landes bestimmt.

3) Die alten Völker (die Griechen) hatten in sofern eine richtige Erdansicht, daß sie nur Einen Ocean glaubten, wiewohl sie sich (irrig) denselben als Strom und die Erde als eine runde Scheibe (orbis) dachten. Die Kugelgestalt der Erde ist mathematisch und historisch erwiesen.

§. 2.

Das Wasser der Erde (Erdgewässer, Meer), welches einen wesentlichen Einfluß auf die Gestaltung der Erdoberfläche gehabt und dieselbe in der Urzeit ganz oder zum Theil bedeckt hat, nimmt jetzt, nachdem es von den Höhen abgelaufen und gleichsam stehend geworden ist, vermöge seiner Natur, den Grund, die Höhlungen oder Vertiefungen der Erdoberfläche ein (Meeresgrund, Seegrund) und erscheint seiner Grundfarbe nach meist blau (blaugrün, meeresgrün).

Da die Vertiefungen, in welchen sich das Meereswasser gesammelt hat, einige Aehnlichkeit mit geräumigen Becken und Kesseln zeigen: so nennt man die einzelnen Theile und Räume des Oceans auch Wasserkessel, Wasser- oder Meeres-Becken (— Bassins).

Und wie nun jeder Kessel und jedes Becken einen Rand hat, welcher über die in dem Gefäß befindliche flüssige Masse hervorragt: so ragt auch der feste und trockne Theil der Erdoberfläche über den flüssigen Theil, oder das Land über das Meer empor, und zwar scheint das feste über das flüssige Element emporgehoben, gleichsam über dasselbe aufgebaut und aufgethürmt zu seyn. Das Land sollte über das Wasser herrschen, wie der Mensch, der Bewohner der Erde, über beide! — Die Art und Weise, wie das feste Land theils über das Meer hervorragt oder die Höhe (Meereshöhe, Seehöhe), oder theils sich von einem Meere oder Meertheile zum andern erstreckt (von O. nach W., von N. nach S.) oder die Ausdehnung — die Länge und Breite — giebt einem jeden Theile des Festlandes (Erdtheile) seine Gestalt und Begrenzung. Insbesondere aber sind es zwei Massen des festen Landes oder 2 Land- oder Erdfesten (Continente von continere zusammenhalten, zusammenhangen), welche aus dem umflutenden Ocean hervor- und über dem Spiegel (oder die Oberfläche) desselben emporragen. Die eine, dem scheinbaren Aufgang der Sonne zugewendet oder gegen Morgen gerichtet, heißt die Ostfeste oder der östliche Continent; die andere, gegen Abend oder den (scheinbaren) Sonnenuntergang gelegen, heißt die Westfeste oder der westliche Continent (vergl. den Relief-Globus und die Meridian- und Aequator-Linien), beide gleich alt, d. h. mit der Erdschöpfung oder der letzten (vorgeschichtlichen) Erdbildung entstanden und wahrscheinlich auch oder bald hinter einander bevölkert (von Osten aus).

Da die Ostfeste ohne Zweifel am frühesten bewohnt und bevölkert und hierdurch, wie durch die Entwickelung und Ausbildung ihrer Bewohner und Völker zu gesitteten Menschen und geordneten Staatengesellschaften auch geschichtlich früher bekannt und berühmt ward, während die Westfeste bis auf die Entdeckung durch Columbus kaum geahnet und flüchtig gesehen wurde, geschweige historisch bekannt oder ein Gegenstand der Länder- und Völkerkunde ward: so heißt jene — die Ostfeste — auch die alte Welt, und diese — die Westfeste — die neue Welt.

Anmerkungen. 1) Die alte Welt hat eine etwa 3 — 4000 jährige Geschichte (Völker- und Staaten-Geschichte), die neue (das junge Amerika) — eine kaum 100 jährige beglaubigte Geschichte und zwar nur e. G. seiner Colonisation.

2) Die geographischen Begriffe von O., W., S, N. sind hier vorzugsweise und wiederholend durch die Construction des Globus zu erläutern (Meridian, Aequator).

Beide große Festländer oder Erdfesten liegen mehr auf der nördlichen, als auf der südlichen Erdhalbkugel, und zwar so ausgebreitet, daß ihre Enden und Spitzen gegen Süden gekehrt sind und dorthin auslaufen, indem der Ost-Continent im Allgemeinen von S.W. gegen N.O., der West-Continent dagegen von S. gegen N. (von Pol zu Pol) gerichtet ist. Beide sind gegenwärtig durch 2 tiefe Wasserbecken oder große Meerestheile getrennt, von welchen der vom Ost-

Continent westlich gelegene das Westmeer, und der vom Ost-Continent östlich (und südlich) gelegene das Ostmeer (vorläufig) genannt werden kann. Früher oder in der Urzeit hingen aber beide Continente und zwar in N. O. zusammen, da, wo jetzt (unter dem Polarkreis) das Ostmeer eine Oeffnung, einen Aus- oder Durchgang hat (die Behrings- und Cook-Straße).

Anmerkung. Beide größten Meere (das Ost- und Westmeer), durch die größten Landmassen von einander getrennt, liegen zwar gemeinschaftlich auf der östlichen, westlichen, südlichen und nördlichen Hälfte der Erdkugel, jedoch auf entgegengesetzten Seiten derselben.

§. 3.

Wiewohl nun im Uebrigen beide Continente, jeder an und für sich, ein zusammenhangendes Ganze bilden, so ist doch namentlich und zunächst der östliche Continent durch die Gewalt des Wassers und den Einbruch des Meeres (oder durch Erdrevolutionen, welche dem Wasser den Weg bahnten, mehrfach gespalten, zerrissen und zertheilt worden, und zwar so, daß ungefähr in der Mitte desselben, etwa 400 — 500 M. nördlich von dem Aequator (unter dem 30° N. Br.) nur ein schmaler Zusammenhang (in einer Erdenge — Suez genannt —) stehen geblieben ist. Denn wie einer Seits das Meer von Süden her in den Continent eingedrungen ist und hier einen langen und schmalen Busen gebildet hat (den Arabischen): so ist dasselbe auch von Westen her und noch mächtiger durchgebrochen und hat ein langes und breites (gegen O. breiter werdendes) Meer, das Mittelmeer, mit 5 Halbinseln und 6 größern Inseln gebildet. — Der östliche Theil dieses Mittelmeeres (eines Binnenmeeres) ist das Schwarze Meer (der Pontus), in dessen nordöstlichen Winkel (das Meer von Asow) ein im Alterthum bereits berühmter Fluß der Don (der Tanais) mündet. Aus den Fluten des Schwarzen Meeres — im Osten — erhebt sich plötzlich und steil ein Gebirge (der Caucasus), welches in ein anderes gegenüberliegendes Meer (Binnenmeer), das Caspische, eben so steil abfällt, dagegen nördlich sich verflächt, längs den Flüssen Kuma und Kuban, welche auf entgegengesetzten Seiten abfließen — jener in das Caspische, dieser in das Schwarze Meer. Außerdem fließt in das Caspische Meer von N. her noch ein weit größerer Strom, die Wolga, welche sich eine Tagereise aufwärts dem Don bedeutend nähert. — Die Gegend nun nördlich vom Schwarzen und Caspischen Meere und vom Caucasus, oder das Mündungsland des Don, der Wolga und anderer Flüsse (Kuban,

Kuma, Ural) ist eine höchst merkwürdige Gegend, ist ein tief gelegenes Land, ein tiefes Steppenland; denn aus demselben erhebt sich allmählich wieder ein anderes, gegen Norden bis zu dem nördlichsten Meere ziehendes Gebirge — das Uralische — welches die Gewässer der Wolga von denen eines östlichen Stromes, des Ob oder Obi, scheidet.

Dieses Uralgebirge im N. nebst dem Caucasus in S., welcher (ein hoher und gebirgiger Isthmus) das Caspische und Schwarze Meer scheidet — so wie die niedere und flache Landenge Suez das Mittel- und Arabische-Meer trennt — sind nun diejenigen Oberflächen, Räume des Ost-Continents (Höhen und Tiefen), welche denselben in drei Theile, Erdtheile absondern.

Diejenige große Landmasse nämlich (an 600000 Quadrat-Meil. gr.), welche im S. und W. oder südwestlich von der Landenge Suez und den anstoßenden Meeren, dem rothen und mittländischen Meere, liegt, heißt Africa (zu den Zeiten der Griechen und Römer Libya) und befaßt den südlichen, trockensten und heißesten Theil der alten Welt, den südlichen Erdtheil.

Die ganze übrige von Suez gegen N. und O. oder nordöstlich gelegene und größere Landmasse begreift den Asiatisch-Europäischen Continent oder die beiden Erdtheile Asien und Europa.

Anmerkung. Die Namen der 3 ältern Erdtheile sind historischen Ursprungs und wahrscheinlich durch die seefahrenden und länderkundigen Phönizier entstanden — Asien heißt das Land des Lichts — Europa das Land der Finsterniß — Africa das Land der Hitze — die Namen der beiden übrigen Erdtheile (oder des 4ten und 5ten Continents — siehe §. 4. — sind durch die neuern Seefahrer und Länderentdecker (Portugiesen, Spanier, Holländer, Engländer) entstanden.

§. 4.

Europa nämlich, die westliche kleinere Hälfte desselben (170000 Quad. Meil. gr.), der Occident, heißt alles Land, welches im Norden des Mittel- und Schwarzen Meeres und im Westen des Urals und der Caucasischen Steppe (bis zum Westmeere hin) liegt.

Asien dagegen umfaßt alles übrige Land (die größere Hälfte des nordöstlichen Continents), welches vom Uralischen Gebirge gegen Osten und vom Schwarzen und Caspischen Meere gegen Süden über weite Räume bis zum Ost- und Südmeere hin sich erstreckt (eine Landmasse von 700000 Q. M.).

Da Asien am weitesten gegen Osten liegt und der größte und am frühesten bewohnte und civilisirte (gesittete) Erdtheil ist, so heißt es auch vorzugsweise der Orient (das Morgenland), der Stamm-Continent, die Wiege der Menschheit und der Ursitz ihrer durch die göttliche Vorsehung geleiteten Erziehung und Bildung (Cultur).

Wie nun die Ostfeste durch den Isthmus von Suez in eine nordöstliche und südwestliche Hälfte (asiatisch-europäische und africanische) gesondert ist, so auch die Westfeste (Amerika), und zwar ebenfalls in der Mitte und durch einen hohen und gebirgigen Isthmus, welcher der Isthmus von Panama genannt wird und America in eine Nord- und Süd-Hälfte oder in Nord- und Südamerica theilt. Der Isthmus selber ist durch den Andrang des Meeres von Osten her, so wie durch ein quer vorliegendes Gebirge, welches den Fluten des Meeres widerstand, gebildet worden.

Anmerkung. Auch der Name America (wie eines Theils desselben, Columbien) ist auf geschichtlichem Wege und seit der Beschreibung dieses Continents durch den Seefahrer Amerigo entstanden (terra America i. e. das Land des A.).

Alles übrige feste Land, welches, außer diesen 2 größten Massen (Erdfesten) oder deren 4 Hauptheilen (Erdtheilen), vom Ocean umflutet und aus demselben hervorragend, von kleinerem Umfange und in größerer oder geringerer Entfernung von jenen Continenten oder Festlanden gelegen ist, heißt nicht Festland, sondern insularisches oder Insel-Land (Eiland).

Unter diesen Eilanden aber, welche die großen Festlande umlagern und wie abgerissene Theile, Stücke und Glieder derselben erscheinen, ist Eines im Süd-Osten des Ost-Continents oder insbesondere Asiens gelegen, welches wegen seiner Größe (denn es ist 150000 Quad. Meil. gr., demnach kleiner, als Europa) und seiner übrigen Wichtigkeit (es ist ein großes Europäisches Colonienland) den Namen eines Erdtheils oder Continents und zwar des 5ten oder neuesten erhalten hat und denselben verdient. Derselbe heißt Australien oder das Austral-Land (Südland), wegen der ihm zugehörigen vielen, durch das Ost- und Südmeer zerstreuten Inseln auch Polynesien, so wie von seinen ersten holländischen Entdeckern Neuholland. Es bildet derselbe aber wegen seiner eigenthümlichen Lage, Bewohner, Producte und seiner Stellung gegen die übrigen Continente (Handelswichtigkeit) eine Welt für sich oder die neueste (geographische) Welt, und zwar ist die Geographie selber seit der Entdeckung und Untersuchung derselben räumlich abgeschlossen worden; denn es giebt nirgends mehr (auch nicht an den Polen) ein eigentliches Festland oder einen 6ten Erdtheil.

Anmerkung. Da der Portugiesische Seefahrer Magelhaens im Jahre 1520 (zur Zeit Carls V.) der erste war, welcher aus dem Atlantischen Meere in das Austral-Meer schiffte (und so die Erde von O. nach W. umschiffte): so könnte das Australische Meer auch das Magelhanische genannt werden.

Seit und mit der Entdeckung der Erdtheile oder durch die naturgemäße Sonderung und Scheidung der beiden großen Körperflächen des Festlandes in 5 einzelne Glieder sind dann auch die historischen Namen der Meere oder Oceane entstanden. Denn bereits die Alten (Phönizier, Griechen, Römer) nannten das Meer zwischen den Westküsten Europas und Africas und den Ostküsten Americas bis hoch in N. (N. Polar-Kreis) das Atlantische Meer, so wie das Meer an der Ostküste Asiens das östliche Meer, und das an der Südküste desselben Continents das Indische Meer.

Das östliche Meer aber wurde seit der Entdeckung Americas (durch Balboa, Magelhaens, Cook) weiter entdeckt und als der größte aller Oceane, als das eigentliche Erd- oder Weltmeer (Australmeer, Südsee, ungef. 3 Mill. Quad. M. gr.) erkannt, in sofern es von den Ostküsten Asiens bis zu den Westküsten Americas gegen beide Pole hin sich ausdehnt, so daß selbst das Indische Meer nur als ein abgesonderter (südwestlicher) Theil oder ein Glied desselben erscheint. Die nördlichen (oder Polar-) Meere blieben den Alten völlig unbekannt und sind erst seit den sogenannten Polar-Expeditionen (Durchfahrtsversuchen) für den menschlichen Forschungsgeist eröffnet worden. Sie heißen auch wegen der sie erfüllenden Eismassen (Treibeis) die Eismeere. Im Gegensatz gegen das nördliche und südliche Eis- oder Polarmeer können die beiden übrigen Hauptmeere (das Atlantische und Austral-Meer) auch die Aequatorial- oder Aequinoctial-Meere genannt werden). —

§. 5.

Das feste Land, also auch die Festländer, die Continente, Erdtheile ragen aber nicht bloß (nach §. 2.) im Ganzen über das Wasser und die Meere empor, sondern sie ragen zum Theil auch hoch und zwar bis zu einer Höhe von 8000 — 10000 Fuß (fast ½ deutsche Meile hoch) empor, ja, manche haben einzelne Erhebungen und Höhen (Berge), die zu 20 — 25000 Fuß (zu dem Maaß einer deutschen Meile) aufsteigen und weit über die Wolken emporragen — nämlich vom Meere aus gerechnet und gemessen — denn das Meer (der Spiegel, Niveau desselben) ist der natürliche Maaßstab der Höhe, oder diejenige Ebene, von deren Puncten und Linien aus berechnet und bestimmt wird, wie hoch oder tief ein Theil der Erdoberfläche und des Festlandes ist.

Anmerkung. Das Meer steht nämlich fast überall gleich weit vom Mittelpuncte der Erde und gleich hoch; die Fläche desselben zeigt keine bedeutende Unebenheiten und gilt daher für eine Ebene, so wie auch derjenige Theil der Landfläche für eine Ebene gilt, welcher sich der Fläche des Wassers und Meeres mehr oder weniger nähert (wellenförmige Ebene).

Diejenigen Theile der Continente nun oder diejenigen Oberflächentheile der sogenannten 5 Erdtheile, welche in einer so bedeutenden oder demselben nahe kommenden Höhe (von 1000 bis 10000 Fuß) über die Fluten des Meeres emporragen und gleichsam die hohen Rücken und Buckel der Erde bilden, führen den Namen Hochländer, worunter also Länder, Erdräume, Theile und Strecken der Erdoberfläche zu verstehen sind, welche beträchtlich hoch (mehrere Tausend Fuß) über dem Meere liegen und nach allen Seiten hin ausgedehnt sind, also auch einen beträchtlichen Umfang oder eine bedeutende Länge und Breite haben. Es sind demnach die Hochländer Erhebungen (Elevationen) des Festlandes im Ganzen und Großen oder in Masse, im Gegensatz gegen das in der Tiefe flutende Meer und gegen alle diejenigen Länder und Theile eines Festlandes, welche nur um einige hundert Fuß höher, als das Meer, liegen und daher im Allgemeinen verhältnißmäßig Tiefländer, d. h. tiefer als die Hochländer gelegene Länder und Landschaften, genannt werden. Sie sind die natürlichen Niederungen, Senkungen (Depressionen) der Festländer — in der Regel — gegen die Küsten und das Meer hin. Da dergleichen Hochländer den eigentlichen Bau (den Grundbau) der Festländer ausmachen und darstellen, namentlich das Höhenverhältniß derselben begründen, von welchem das Klima, der Boden, die Fruchtbarkeit, die Natur und das Leben der Pflanzen, Thiere und Menschen abhängig ist, da ferner die großen Hochländer diejenigen Theile der Erdoberfläche waren, welche bei der letzten gewaltigen Erdflächen-Revolution durch Wasser zu allererst von demselben entblößt und trocken gelegt, also bewohnbar für Menschen gemacht wurden (das Gebirge Ararat, das Armenische Hochland): so sind dieselben in der Erd- und Völkerkunde von der größten Wichtigkeit, in sofern sie die Ursitze der Menschheit und die ursprünglichen Wohnstätten waren, von welchen sie in Familien, Geschlechtern, Horden auszogen, auswanderten und sich über die tiefern, sonnigern und wärmern Länder und Gegenden hin verbreiteten (vergl. das Tiefland am Euphrat und Tigris — am Ganges, am Nil. u. s. w.). Auch stammen, nebst den Menschen, die wichtigsten Naturerzeugnisse, die Hauptgattungen und Arten der Thiere und Gewächse, aus den Hochländern und wurden von hier aus, von ihrer Heimath, wo sie wild lebten und wuchsen, erst weiter in die Tiefländer hin verpflanzt, veredelt und den Menschen dienst- und nutzbar gemacht.

Anmerkung. Die Getreidearten (Cerealien), selbst die Kartoffel und der Kaffee, sind ursprünglich Erzeugnisse der Hochländer.

Solcher Hochländer giebt es nun, wiewohl in verschiedener Größe und Gestalt, eben so viele im Allgemeinen, als es Erdtheile giebt, und zwar liegen dieselben meist im Innern, oder in der Mitte der Continente (zwischen den Wendekreisen) weshalb dieselben auch die hohen Mittelländer, die Centralländer, genannt werden.

So hat zunächst Asien, als der größte Erdtheil, auch das größte Hochland. Dasselbe breitet sich ungefähr in der Mitte desselben zw. den 30 — 50 Grad nördl. Br. jenseits oder nördlich von einem Schneegebirge (Himalaya) (Alpengebirge) aus, welches den Zugang (die Pforten, Pässe) zu dem Hochlande von Süden (dem südlichen Tieflande) her bildet und das Hochland (von 8 — 10000 Fuß) noch um eben so viel Fuß überragt, gleich einem Vor- und Schutzwall, einem Bollwerk, und in einzelnen Spitzen (Kuppen und Kegeln) sich über 25000 Fuß hoch über das Meer erhebt (Vergl. den Relief-Globen). Da dieses Hochland, wie die meisten Hochländer, eine Gebirgsfläche ohne hohe Bäume, dichte Waldungen, große Ströme, dagegen mit Gras, Futterkräutern und Krüppelgewächsen bedeckt, theilweise auch mit Sand und Kies wie überschüttet, also eine Hochsteppe ist (Seeboden): so eignete sich dieselbe auf die Dauer nur zum Wohnsitz von Hirten- oder Nomaden-Völkern. Daher hieß das Asiatische Hochland im Alterthum das Hochland der Scythen, so wie es jetzt noch das Hochland der Mongolen und Tataren heißt, unter welchen Namen man die in der Geschichte aufgetretenen Nomaden oder Zug- und Wandervölker (wie z. B. auch die Hunnen) zusammenfaßt. — Der bekannteste südliche Theil desselben ist Tibet (das Tibetanische Hochland). Uebrigens erstreckt sich das Asiatische Hochland im Norden bis zu dem Altai-Gebirge, im Westen bis zum Caucasus und Taurus, im Osten bis zu den Gebirgen, von welchen die große Landschaft China in tiefen und weiten Flächen zum Meere abfällt. Da die Hochländer, wie eben bemerkt wurde, größtentheils hohe Gebirgsflächen, überhaupt lange und breite Hochflächen sind, jede hochliegende, d. h. über 500 oder an 1000 Fuß hoch über dem Meere liegende Fläche auch ein Plateau genannt wird: so heißen die am höchsten liegenden Plateaux (von 2000 — 10000 Fuß Höhe) vorzugsweise auch Hochplateaux.

Uebrigens zerfällt das hohe innere Asien in 2 durch Natur und Geschichte gesonderte Haupttheile, in einen östlichen (Ost-Asien, Ost-Plateau) und in einen westlichen (West-Asien, West-Plateau); die Grenze macht der Indus-Strom.

Anmerkungen. 1) Es ist für den Elementar-Unterricht Gesetz, zunächst den Begriff von Hochländern durch den Relief-Globus zu veranschaulichen (als der colossalsten Flächenform) und erst hierauf den Begriff von Hochebene (Plateau) überhaupt (als eines Hochlandes im Kleinen) mittelst Abstraction klar zu machen.

2) Hochebenen oder Hochflächen (Plateaux) sind demnach im Kleinen und Einzelnen das, was Hochländer im Ganzen und Großen sind. Das Gegentheil davon sind die Tiefflächen, Tiefebenen. Beide Arten von Flächenräumen machen die großartigsten und wichtigsten Unebenheiten der Erdoberfläche aus; nächst denselben — Berge und Thäler (Siehe unten).

§. 6.

Auch Africa hat (wie Asien) in seinem Innern einen hohen und breiten Gebirgsrücken oder Buckel, oder ein nach allen Seiten hin ausgestrecktes und von Hochgebirgen umschlossenes Hochland (Plateauland), nur daß dasselbe, wie der Erdtheil selber, südlicher, als das Asiatische, nämlich ungefähr unter dem Aequator oder zu beiden Seiten desselben, jedoch mehr südlich als nördlich liegt, auch um einige 1000 Fuß tiefer zu stehen scheint, als jenes. Da dasselbe den ganzen Süden des Continents (mit Ausnahme der Küstenflächen) füllt, so heißt dasselbe das Südafricanische Hochland (das hohe Südafrica); und da dasselbe im Alterthum von einer schwarzfarbigen Menschen-Race bewohnt wurde — von den Aethiopen, wie jetzt von den Negern, so kann es auch das Hochland von Aethiopien oder das innere Hochland der Neger genannt werden. Dasselbe erstreckt sich von dem südlichen Ende des Continents oder dem südlichen Neger-Lande (Hottentotten-Lande), da, wo auf einem Schneegebirge die Quellen des Oranien-Flusses liegen, bis dahin, wo der Continent seine größte Breite hat und die Quellen mehrerer großen Ströme entspringen, die gleichsam von dem Rande des Hochlandes abfließen, namentlich des Nil und des Niger.

Da das Neger-Volk als die ursprünglichen Bewohner des Hochplateaus von Südafrica auf der Stufe der Nomaden-Bildung stehen geblieben und nicht zur eigentlichen Civilisation, zum Staatsleben, fortgeschritten ist: so läßt es sich hieraus (wie aus andern Naturverhältnissen) erklären, daß das Hochland selber in seinem Innern noch sehr unbekannt (unerforschter, als das Asiatische) ist, so wie, daß die Gebirge, die es umgeben, keine bestimmten, historisch-bedeutsamen Namen haben. Inzwischen bezeichnen z. B. die Namen Kong- und Mond-Gebirge das nördliche Randgebirge oder wenigstens einen Theil des Gebirges, welches den Ausgang und Abfall des Hochlandes gegen Norden in das anliegende Tiefland (Nigritien) bezeichnet.

Wenn America keine solche Hochländer, keine so großartigen Hochplateaux hat: so ist das die natürliche Folge des eigenthümlichen Baues dieses Continents, welchen ein langes, hohes, mehr schmales als breites Kettengebirge von S. — N. durchzieht, zwischen dessen aufstarrenden und in die Tiefe stürzenden Bergreihen und Felswänden nur schmale Flächen und Hochthäler Raum haben. Dergleichen Hochflächen oder kleinere Hochlande (ohne beträchtliche Breite und Länge) zeigen sich in America überhaupt drei, und zwar in Südamerica die Bergfläche oder Bergplatte La Paz (über 10000 Fuß hoch), auf welcher zugleich der Gebirgs- und Steppensee Titicaca liegt, und nördlich davon unter dem Aequator das Plateau von Quito (etwa über 8000 Fuß hoch).

Eben so in Nordamerica da, wo dieser Theil des Continents wieder in die Breite geht, die etwas über 1000 Fuß hohe Hochebene von Anahuac oder von Mexico, umgeben von Seen und Vulcanen mit Schneegipfeln. Merkwürdig übrigens, daß die Hoch- und Gebirgsflächen Americas die Ursitze der civilisirten Völker dieses Continents waren (der Peruaner, Mexicaner).

Anmerkungen. 1). Das hohe Africa (Hochafrica) ist theilweise mit Sandsteppen bedeckt, wie Hochasien, hat aber nicht einmal Sagen, noch weniger eine Geschichte aufzuweisen. Dagegen zeigen die Hochebenen Americas noch großartige Trümmer und Spuren einer uralten Völkerbildung.

2) Eine einzelne (meist runde und kegelförmige) Erhebung der Erdfläche von mehr Höhe, als Länge und Breite, heißt ein Berg; reihen sich mehrere Berge zu einem Ganzen an einander, so entsteht ein Gebirge; eine Gebirgsreihe von beträchtlicher Länge und unbestimmter Richtung ist ein Kettengebirge.

Ist die Höhe eines Berges vom Meere aus ungefähr 1000 Fuß, so heißt der Berg ein niederer Berg (oder schlechtweg Berg, Höhe); steigt er zu 4 — 6000 Fuß auf, so ist es ein Berg mittlerer Art, wie z. B. die Schneekoppe, der Brocken u. s. w., erhebt er sich zu 8 — 10000 Fuß (über das Meer) so ist es ein hoher Berg; ein Riesenberg aber, wenn er über 10000 F. Höhe hat. Dasselbe gilt von den Bergreihen oder Gebirgen; — Mittelgebirge ungefähr = 5000 Fuß, Hochgebirge = 10000 Fuß, Riesengebirge über 10000 Fuß (bis 20000 Fuß und darüber). Die Einsenkung oder Vertiefung zwischen den Bergen heißt Thal. — Berg und Thal, Hochfläche und Tieffläche (Hoch- und Tiefland) sind die **Hauptunebenheiten** der Erdoberfläche.

§. 7.

Auch **Europa** hat, so wenig als **America**, eigentliche **Hochländer**, sondern nur **Hochflächen** und **Hochebenen**, d. h. kleine Hochländer ohne bedeutende Erstreckung und Ausbreitung und nur von etwa 2000 Fuß Höhe. Natürlich, denn Europa läßt sich als eine westliche Ablagerung oder Fortsetzung von Asien betrachten, dessen Größe es kaum zum dritten Theile erreicht. Dazu kommt, daß Europa gerade da, wo es am gebirgigsten ist, in seiner **westlichen Hälfte** am schmalsten fällt und zu weiten und hohen Länderbreiten keinen Raum gewährt. Hier im W. stellen sich denn auch die einzigen **Hochflächen** des Continents dar, so z. B. die Hochebene oder das Plateau zwischen dem südlichen Hauptgebirge von Europa, **den Alpen**, und den **nördlich** (westlich und östlich) davon gelegenen **Mittelgebirgen** (d. h. Geb. von 5 — 6000 Fuß Höhe), eine von der Donau durchströmte Ebene, das **Plateau von Deutschland** bildend; eben so im **Süden** der Alpen — gegen Italien hin, wo die Absenkungen dieses Gebirges in die **Hochebene des Po** oder in das **Plateau der Lombardei** übergehen; endlich im Westen eines Gebirges (des Pyrenäischen), welches die westlichste Halbinsel Europas (Spanien und Portugal) von dem übrigen Europa trennt, die **Hochebenen** oder Plateaux von **Castilien**; anderer kleinerer Plateaux hier nicht zu gedenken. Faßt man alle Hochebenen und die Gebirge, welche auf denselben stehen, als ein zusammenhangendes Ganze auf, so erscheint **Süd-Europa**, oder genauer das südwestliche Europa als ein hohes und meist gebirgiges oder als ein **Hochland** (mittleres), im Gegensatz gegen das tiefer gelegene östliche Europa (welches ein niederes Flachland oder ein **Tiefland** ist).

Der neueste oder jüngste Continent, wiewohl im **Innern** noch unerforscht und unbekannt, scheint **dort** ein Hochland 2ter oder 3ter Art und Größe (von 1000 — 2000 Fuß) zu enthalten, im Uebrigen eigenthümlich gebaut und mit breiten Sand- und Dünenküsten umlagert zu seyn. Vielleicht bilden die von der Ostküste her überstiegenen blauen Berge einen **Uebergang** oder **Aufgang** zum **Hochlande**, welches sich als eine wellenförmige Fläche (theilweise) darstellt, mit Wald, Sümpfen und Seen, aber auch sehr culturfähigen Landstrichen erfüllt und ausgestattet, demnach eine Art von **Tafelland** (ein tafelförmiges Hochland ohne aufgesetzte, bedeutende Höhen und Berge) zu seyn scheint.

Uebrigens ist nun alles Land, was nicht eigentliches Hochland ist, d. h. was sich nicht an 1000 Fuß und höher über die Meeresfläche erhebt, als tief gelegen oder als Tiefland aufzufassen und zu betrachten, hierbei aber zu bemerken, daß der Uebergang oder der Abfall von den Hoch- zu den Tiefländern nicht immer jäh, steil und plötzlich, sondern stufenweise oder terrassenförmig erfolgt, was aus der Art und Weise der fließenden Gewässer oder aus dem Fall, der Gestalt und Form der Flüsse und ihrer Ufer- und Betten-Bildung zu erkennen ist. Dergleichen zwischen den Hoch- und Tiefländern in der Mitte liegende und den Zusammenhang, die Verbindung vermittelnden und bildenden Länder und Landschaften heißen Stufen- oder Terrassen-Länder, die genauere Auffassung und Kenntniß derselben gehört jedoch in eine höhere Unterrichtsklasse.

Die fünf Erdtheile und ihre Hochländer

als

Quellländer der fließenden Gewässer oder der großen Ströme und Flüsse.

(§. 8 — 11.)

§. 8.

Da die Hochländer und Hochebenen hohe und breite Bergflächen (Abplattung der Höhen, Bergplatten) sind: so ist es natürlich, daß sie von Gebirgen umgeben, gleichsam eingefaßt und umrandet sind. Wenn nun Berge überhaupt einzelne und plötzliche Erhebungen der Erdoberfläche von 1000 bis 25000 Fuß, also von bedeutender Höhe, ohne verhältnißmäßige Länge und Breite, sind: so sind Gebirge Reihen, Ketten oder Massen und Gruppen solcher Berge, deren Gegensätze Thäler (Vertiefungen zwischen Bergen) heißen. Dergleichen um die Hochplateaux hergelagerten und sich theilweise in dieselben hinein erstreckenden Gebirge heißen daher Randgebirge (Ringgebirge) oder Gebirgsränder. So ist z. B. das Himalaya-Gebirge in Asien das südliche Randgebirge der hohen Mongolei und Tartarei oder des Tibetischen Hochlandes; so sind das nördliche und südliche Gebirge von Spanien, das Asturische und Galizische (Cantabrische) und das von Granada (Sierra Nevada), Gebirge, welche die hohen innern Ebenen (die Plateaux) der Pyrenäischen Halbinsel einfassen. Nicht selten erscheinen daher diese Randgebirge als hohe Gebirge erst vom Tieflande aus betrachtet, während sie vom Hochlande aus gesehen nur eben die Gestalt von Rändern und erhabenen Ringen und Einfassungen der nach Innen zu liegenden Hochflächen haben. (Vergl. das Himalaya-Gebirge von Tibet aus).

Geographisch wichtig sind nun sowohl die Hochländer, als die sie umlagernden Hochgebirge in Bezug auf die fließenden Gewässer, worunter im Gegensatz von Meer und See alle diejenigen wässrigen Flüssigkeiten verstanden werden, welche aus Quellen (unter der Erde) hervorbrechen und das trockne Land in den mannigfaltigsten Richtungen von der Höhe zur Tiefe durchziehen und befruchten. Denn auf den Hochländern oder den Randgebirgen, also entweder auf der äußern, oder der innern Seite derselben, entspringen die Hauptströme aller Continente und ergießen sich von dort in die anliegenden tiefern Länder (Tiefländer), und zwar sind es entweder Eisberge und Gletscher, oder Seen (Alpenseen), aus welchen jene Ströme (in mehreren Quellen, Quellflüssen, Stammflüssen) hervorbrechen. Es sind demnach die Hochländer und ihre nächsten gebirgigen Umgebungen, die Quellländer und Quellbezirke, die unerschöpflichen Wasserschätze, die Kammern und Gewölbe (Eisk. und Eisgew.) der fließenden Gewässer, welche die Erdoberfläche (den Boden) befruchten, indem sie der Neigung oder Abdachung desselben nach dem Meere zu in den natürlichen Thalsenkungen, oder mittelst Querdurchbruchs durch das Gebirge folgen.

So lange nun diese Hochlandsströme entweder auf dem Hochlande selber, oder im Gebirge fließen, was daran zu erkennen ist, daß sie ein starkes Gefälle, hohe Ufer, Abstürze (Katarakten), Strudel, Verengungen, Krümmungen, Seen und dergl. mehr haben, so langen fließen und sind sie in ihrem obern Lauf begriffen (Oberlauf); so bald sie dagegen das Gebirgsland verlassen, was daraus ersichtlich ist, daß sie ein schwächeres Gefälle, niedrigere und breitere Ufer, eine größere Wassermasse (zur Schifffahrt geeignet), reichere Neben- und Zuflüsse und in der Regel einerlei Richtung und einen geraden Lauf, so wie vor ihrer Mündung mehrere Arme haben, sagt man, daß sie ihren untern Lauf antreten oder ihren Lauf durch die Ebene und das Flach- und Tiefland nehmen. So entspringt der vaterländische Rhein am St. Gotthardtgebirge in den Alpen aus einem Gletscher und fließt im Hochgebirge über Chur (Graubündten) durch den Bodensee über Constanz bis Schaffhausen, stürzt dort über eine 60 Fuß hohe Felswand (Wasserfall bei Lauffen), verengt sich bei Rheinfelden und kommt nach Basel, während er 2 — 3 Mahl seine Richtung verändert hat. Von Basel aus in nördlicher Richtung fortgehend, verläßt er das Alpen- und Hochgebirge, ohne jedoch sofort in die Ebene zu fallen; vielmehr strömt derselbe über Strasburg, Speier, Worms, Mainz, Coblenz, Bonn, Cöln u. s. w. zwischen niedrigern Gebirgen (Mittelgebirgen) hin, die von der rechten und linken Seite her seine Ufer bald verengen, bald erweitern und sein Bett hie und dort in Felsbänken durchsetzen. Erst unterhalb Bonn und Cöln tritt der Strom in das deutsch-französische oder belgische Flachland, vielfach gekrümmt und gewunden und in mehrere Arme vor der Mündung sich spaltend. Da mit dem Unterlauf der Flüsse eine merkwürdige Abstufung und Senkung des Landes beginnt, das Uferland selber eine andere und verschiedene Natur in Rücksicht auf Boden, Klima u. s. w. annimmt, also auch die Culturverhältnisse und die übrigen menschlichen Zustände sich hiernach ändern: so ist die Unterscheidung und Erkenntniß des Ober- und Unterlaufs der Ströme von geographischer Wichtigkeit. Je höher übrigens die Hoch- und Gebirgs-Länder sich erheben: um so größer, länger, breiter, tiefer (reicher — d. h. durch Zuflüsse vermehrt und verstärkt) die Ströme derselben. Da nun Asien das höchste Hochland in sich schließt, und America das höchste und längste Kettengebirge enthält: so folgt, daß diese Continente auch die größten Ströme nähren (die sogenannten Riesenströme oder die Ströme 1ster Klasse).

Anmerkung. 1. Die Lehre vom Mittellauf der Ströme gehört (wie die von den Mittel- oder Terrassen-Ländern) auf eine höhere Unterrichtsstufe.

2) Mit dem Mittel- und Unterlauf der Ströme beginnt die landwirthschaftliche und übrige Gewerbsthätigkeit der Menschen und Völker, beginnen die Städte und Staaten (die Culturlandschaften).

§. 9.

Von dem hohen innern Asien kommen her oder aus dem östlichen Asiatischen Hochlande und den anliegenden Gebirgen (Randgebirgen) brechen hervor, dieselben zugleich durchbrechend, und fallen in die vorliegenden Landschaften und tiefern flachen Ebenen: im Süden zehn bis zwölf Ströme, im Osten drei, im Westen vier, im Norden drei. Die größten Ströme Südasiens sind: in der Mitte der Ganges und Brahmaputra (Sohn des Brahma) oder die vorderindischen Ströme, nebst dem Indus, als ehemahligem Grenzstrom Indiens gegen Persien — westlich vom Indus und Persien: der Euphrat und Tigris vom Armenischen Hochlande her (im westlichen h. Asien), die Ströme des alten Assyriens und Babyloniens — östlich von den vorigen oder die Hinterindischen Ströme Ira-wadi (Strom von Ava), Thaluayn (Strom von Martaban), Menam (Strom von Siam), Maykaung (Strom von Cambodja).

Anmerkung. 1) Der obere Lauf der hinterindischen Ströme ist noch unbekannt.

2) Die Quellen dieser Ströme liegen jenseit des 30° N. Br. (zwischen 30° — 40° N. Br.)

Die großen Ströme Ostasiens sind, von S. nach N. aufgezählt: der Yang-tse-kiang, der Hoang-ho, der Amur. Die erstern beiden, deren Quellen ebenfalls jenseit des 30° N. Br. liegen (der Amur jenseit des 50°), heißen auch die Ströme von China oder die chinesischen Ströme; der letztere der Strom von Tungusien (der Mantschurei).

Die Hauptströme des nördlichen Asiens oder die Ströme Sibiriens (Russisch-Asiens) von W. nach O. sind der Ob, die Lena, der Jenisei, ungefähr unter dem 50° N. Br. entspringend.

Die beiden westlichen Ströme Hochasiens (und zwar des östlichen Hochasiens oder Hinterasiens) sind: der Gihon (Amu, Oxus), der Sihon (Syr, Jaxartes), die Ströme von Turkestan (der Bucharei). Urspr. des Gihon ungefähr unter dem 40° N. Br.

Außerdem entspringen auf dem westlichen Hochasien und zwar auf der Halbinsel, welche die kleinasiatische heißt und vom Taurus eingeschlossen wird, der Halys (Kisil-Irmak), der alte Grenzstrom Lydiens; ferner auf dem hohen und gebirgigen Küstenlande von Syrien oder auf dem vom übrigen Hochlande abgesonderten Syrischen Plateau an den (entgegengesetzten) Seiten und Abhängen des Libanon der Orontes (Asi) und der Jordan (Fluß von Palästina), so wie an den Abhängen des Caucasus im S. der Kur (Strom von Tiflis), im N. die Kuma und der Kuban, von welchen der Kur und Kuma in das Caspische Meer, der Kuban in das schwarze Meer fällt.

Merkwürdig übrigens, daß das südwestliche Asien, namentlich Persien, Arabien, keine großen Landesströme haben, und daß das Hochland selber (außer vielen Seen) nur Steppenflüsse zeigt, überhaupt das eigentliche Ostasien (insonderheit der S. und N.) mehr Wasserreichthum enthält, als das westliche Asien oder Asien westlich vom Indus.

Anmerkung. In völkergeschichtlicher Beziehung sind am merkwürdigsten: a) der Indus, b) der Euphrat, c) der Oxus — denn bis a und c gingen die macedonischen, bis b die römischen Eroberungen in Asien, anderer Beziehungen hier nicht zu gedenken.

§. 10.

Africa hat nach Verhältniß seiner Größe weniger Wasserreichthum und große Ströme, als Asien; auch fehlen demselben bedeutende Zuströme. Als Hauptströme brechen aus dem südlichen Hochlande und den dasselbe umgebenden Gebirgen hervor: der Oranien-Strom (Oranje-Str.) im äußersten Süden (Capland); der Zambese (Cuama) oder Strom von Sena auf der Ostküste (Küste von Mozambik), der Zaire (Strom von Congo), der Senegal und Gambia auf der Westküste, und zwar jene auf der südwestlichen, diese auf der nordwestlichen Seite.

Im Norden (N.W. und N.O.) des südlichen Hochlandes oder auf den Gebirgen, welche einen Theil des nördlichen Randes des Hochl. bilden, fließen vom W. nach O. und von da in einem Bogen nach S.W. (in den Guinea-Busen): der Niger (der Strom von Sudan), und von S. nach N. (aus 2 Stammflüssen) der Nil (der Strom Aegyptens), der berühmteste und bekannteste aller Africanischen Ströme.

Wiewohl Europa, als der kleinste Continent, kein großes, ununterbrochen zusammenhangendes Hochland enthält, sondern, wie im O. eine lange und breite Tiefebene, so im W. mehrere Gruppen von Gebirgen und Plateaux: so hat es doch im Süden ein Hoch- und Alpengebirge. Aus demselben brechen nach entgegengesetzten Richtungen hin hervor (zw. 45 — 50° N. Br.): unmittelbar der Rhein (Deutschl. Strom und theilweise Grenzstrom), die Rhone (Strom des hohen, südöstlichen Frankreichs), der Po (Strom Oberitaliens), so wie mittelbar (von einem nördlich von den Alpen liegenden Mittelgebirge aus — dem Schwarzwalde —) die Donau, welche jedoch von den Alpen her ihre meisten Zuflüsse und ihre Nahrung erhält.

Unter diesen Flüssen ist die Donau (der Strom Mitteleuropas) derjenige, welcher in seinem eigenthümlichen Laufe von W. nach O. nach dem schwarzen Meere zu West- und Ost-Europa (deutsche, slavische und türkische Länder) mit einander verbindet, zumahl, wenn eine regelmäßige Schifffahrt auf demselben (durch Dampfböte) eingerichtet seyn wird. Uebrigens ist die Donau auch der größte Strom des westlichen Europas (an 400 Meilen lang) und war der Grenzstrom des alten Römerreichs (im N. von Italien und Griechenland), wie zum Theil auch der Rhein.

Auf eine ähnliche Weise verbindet die in Osteuropa auf dem Plateau von Rußland (unter den 57 — 58° N. Br.) entspringende Wolga, der größte Strom nicht bloß des östlichen, sondern des gesammten Europas (Länge 460 M.), dieses mit Asien, in sofern dieser Strom auf der Grenze der beiden Continente in seinem untern Laufe fließt und in das Caspische Meer mündet, überdieß ein Gebiet von 30000 Quad. M. hat (noch einmal so groß, als das der Donau).

Außerdem entspringen auf den kleinen Hochländern des westlichen Europas, so z. B. auf den Plateaux von Frankreich und Spanien oder der Länder jenseit des Rheins und der Pyrenäen mehrere Flüsse, welche dem Atlantischen Ocean zufließen, namentlich die Loire und Garonne, der Douro, Tajo, die Guadiana, der Guadalquivir.

Alle übrigen Flüsse Europas entspringen entweder mit der Wolga auf den Höhenpuncten (dem Plateau) der sarmatischen oder russischen Ebene (wie z. B. der Dnieper), oder auf und an den die Alpen im W. N. und O. umkreisenden Mittelgebirgen—so z. B. die Oder und Elbe auf den Sudeten, die Weser am Frankenwalde, der Main, die Saale auf dem Fichtelgebirge. — Bemerkenswerth übrigens, daß die Europäischen Flüsse theils von Natur bis zum Oberlauf hin schiffbar, theils durch Kunst schiffbar gemacht, viele auch durch Kanäle mit einander in Verbindung gesetzt sind, daß einige derselben — wie der Rhein das Hochgebirge — so die Mittelgebirge durchbrechen (wie die Elbe das Erz- und Lausitzer-Gebirge — bei Aussig).

Anmerkung. Die Ströme Africas sind (wie selbst der Nil) in ihrem Oberlaufe und an ihren Quellen meist noch unbekannt, wie das Hochland selber; der geheimnißvolle Niger ist erst neuerlich in seinem Unterlaufe und seiner Mündung entdeckt worden. Je mehr Flüsse ein Continent hat, um so mehr zugänglich ist er; denn die fließenden Gewässer sind die leichtesten und bequemsten Verbindungswege der Länder, — die natürlichen Transportmittel u. s. w.

§. 11.

Die Ströme, welche dem Hoch- und Ketten-Gebirge Americas entquellen, sind vor allen der Marañon in Süd A., so wie der Missuri und Norte (Nordstrom) in N. A. Außerdem entspringen daselbst der Magdalenen-Fluß in S. A. (auf der N. Küste), der Columbia, der Colorado und andere in N. A. auf der Westküste. Auch der Paraguay (La Plata) in S. A. erhält mehrere wichtige Zuflüsse aus den Anden oder rechts her, wiewohl seine Quellen, nebst denen des Francesco, auf dem Mittelgebirge liegen, welches in seiner Ausbreitung und durch seine Hochflächen ein eigenes Hochland bildet, das Brasilische genannt. Auf einem ähnlichen und kleinern Hochlande, Guyana, liegen die Quellen des Orinoco (in S. A.).

Anmerkung. Die Quellen des Missisippi, Missuri, Lorenz u. a. m. liegen zwischen den 45 — 50° N. Br., die des Maranhon und La Plata zwischen 10 — 15° S. Br.

Eben so entspringen auch auf den Bergplatten und kleinen Hochländern von N. A. mehrere Flüsse, wie z. B. auf den Apalachen und dem Alleghany=Gebirge der Hudson, Delaware u. s. w. Alle übrigen Flüsse Americas, besonders in N. A., entspringen aus Seen und sind die natürlichen Ableiter derselben, wie im nordwestlichen Rußland, Finnland und zum Theil auch in Schweden, so z. B. der Albany= und Mackenzie=Fluß und der Lorenz=Strom. Uebrigens ist America außerordentlich wasserreich und der mit Seen (Berg=, Steppen=, Flach= und Sumpfseen), Flüssen, Strömen, kurz mit allen Arten und Formen der fließenden Gewässer ausgestattetste Continent, was um so bemerkenswerther ist, da die meisten derselben von Natur verbunden sind, oder durch Kunst verbunden werden können. Kein einziger Strom aber durchbricht das Kettengebirge, um den Osten und Westen zu verbinden, daher die schweren Uebergänge über das Hochland.

Die noch nicht hinlänglich erforschten Flüsse Australiens (Brisbane, Schwanfluß) scheinen ebenfalls von einem Hochlande (das im O. von den blauen Bergen abgegrenzt wird) herabzufließen, das Hochland selber aber (von 1000 — 2000 Fuß) reich an Sümpfen und Seen zu seyn.

Schließlich ist zu bemerken, daß die Haupt= und Riesen=Ströme der Continente nicht allein und für sich, sondern in stetem Zusammenhange (oder systematisch) mit ihren Neben-, Zu= und Seitenflüssen aufgefaßt oder als Wasser=Systeme und Strom= und Flußgebiete betrachtet werden müssen. Ein solches Fluß= und Wassergebiet ist, wie ein abgeschlossenes Bergrevier, ein eigenthümliches Ganze, von außerordentlichem Einfluß auf das innerhalb seiner Grenzen enthaltene Pflanzen=, Thier= und Menschenleben. Denn nur in diesem (organischen) Zusammenhange oder in der Verbindung des Ganzen mit seinen Theilen erscheinen die Flüsse und Ströme als die Beweger und Träger der menschlichen und bürgerlichen Thätigkeit (der Industrie, des Handels) oder als die wahren Pulsadern eines Landes.

Anmerkung. So umfassen alle Töchterflüsse der Donau, nebst dem Mutterstrom, ein Gebiet von etwa 15000 Quadrat-Meilen; ja, die Wolga schließt mit den ihr zugehörigen Flüssen einen Landraum von 30000 Quadrat-Meilen ein, dasselbe wird jedoch von dem des Maranhon 3 Mahl übertroffen, insofern das Gebiet desselben zwischen 80 — 90000 Quadrat-Meilen umfaßt.

Die Continente

in

ihrer natürlichen, durch das Meer bewirkten Entwickelung und Gestaltung (oder in ihrer Gliederung) — nach Halbinseln und Inseln.

(§. 12 — 16.)

§. 12.

Europa, der nordwestlichste und kleinste Theil der Ostfeste (Siehe §. 4.), erstreckt sich von dem Uralischen und Caucasischen Gebirge (Vergl. §. 3 und 4.) im Osten und Süden (S. O.) zwischen dem mittelländischen und nördlichen Polar-Meer bis zum Atlantischen Ocean im Westen und ist demnach ein auf 3 Seiten von Meeren umgebener Continent oder eine im O. mit Asien zusammenhangende Halbinsel.

Gleichmäßig mit der Erstreckung und Ausdehnung von O. nach W. geht die Erhebung, und zwar hat dieselbe in der Mitte des Continents, unfern der Gestade (der nördlichen) des Mittelmeeres, ihre höchste Höhe, nämlich in dem Alpen-Gebirge.

Der West- oder Atlantische Ocean hat im Süden und Norden den europäischen Continent, welcher in der Urzeit mit dem nördlichen Africa, so wie mit dem südwestlichen Asien zusammenhing, in Folge einer gewaltigen Erdrevolution durch Zersprengung der Massen und Versenkung der Zwischenländer mannigfach geformt und gegliedert (Vergl. §. 3.). Denn zunächst ist derselbe von Süden her eingedrungen und hat das zwischen Africa und Europa versunkene oder eingesenkte Land mit seinen Fluten bedeckt, wodurch das größte Binnenmeer der alten Welt, das Mittelmeer, entstanden ist, welches sich von der N. W.-Ecke Africas und S. W.-Ecke Europas (d. h. einem Theile derselben) etwa unter dem 36° N. Br. von W. nach O. in einer Ausdehnung von 500 Meilen bis zu dem Fuß oder den Vorhöhen des Taurus und Caucasus in Asien erstreckt und dort eine Halbinsel einschließt, welche Klein-Asien heißt.

Anmerkung. Klein-Asien, Asia minor — eine spätere römische Eintheilung und Benennung — im Gegensatz von Asia major (Groß-Asien).

Eben so ist der Atlantische Ocean von Norden her in den Continent eingedrungen und hat hier ein Stück desselben ganz, ein anderes theilweise von demselben getrennt, wodurch eine Insel, die größte des Continents von Europa (über 3000 Quadrat-Meilen), und eine Halbinsel, ebenfalls die größte (an 14000 Quadrat-Meilen), entstanden sind, nebst 2 daran und dazwischen liegenden Meeren (Binnenmeeren).

Das große (nördliche) Eiland heißt das Britische oder Britannien, welches in der Urzeit südlich mit dem Festlande (Gallien, Frankreich) zusammenhing, da, wo jetzt die große Fahrstraße, der französisch-britische Canal, flutet. — Das östlich an Britannien anliegende Meer heißt das deutsche Meer, weil es südwärts die Küste Deutschlands und der (ehemahls) deutschen Niederlande bespült, oder auch die Nordsee, weil es von Deutschland aus nördlich liegt und 3 Hauptströme desselben von S. her aufnimmt (Rhein, Weser und Elbe).

Die große Halbinsel (welche durch die Einspülung des Atlantischen Meeres entstanden) heißt die Scandinavische, und das östlich anliegende Meer (mit 3 in das Festland eingreifenden Busen) die Ostsee oder das Baltische Meer, ein langes und schmales (180 Meilen langes) Binnenmeer, welches südlich die Küsten Deutschlands bespült und von dorther die Weichsel und Oder aufnimmt. Beide — die Ost- und Nordsee — hängen durch eine, in Folge eines Durchbruchs entstandene, im S. (und S. W.) von Scandinavien gelegene Meerenge (Kattegat) zusammen, welche in 3 kleinere Engen (Seepässe), zwischen dem Festlande und den Inseln hindurch führend, ausläuft oder in 3 Fahrstraßen (Sund und Belte genannt).

Hinge die Ostsee, d. h. der östliche Busen derselben (der Finnische), mit dem nördlichen Eismeer zusammen, so würde Scandinavien eine Insel, so wie die britische Insel ohne den Canal (siehe oben) eine Halbinsel seyn.

Anmerkung. Belt (Balt) hieß wahrscheinlich so viel als Meeresdurchbruch oder Meerenge.

§. 13.

Wie nun aber Europa im Norden Eine große Halbinsel hat, so hat es deren im Süden drei, nämlich von Westen gegen Osten die drei mediterraneischen oder die drei Halbinseln des Mittelmeeres: die Pyrenäische oder Spanische, die Apenninische oder Italische, die Balkan- (oder Haemus-) Halbinsel oder die griechische (griechisch-macedonische).

Und wie dem Continent im Norden Ein großes Eiland vorliegt zwischen dem Atlantischen und Deutschen Meere, Britannien, so liegen demselben im Süden im Mittelmeer drei große Inseln vor, Sardinien, Sicilien, Candia (od. Creta) von W. gegen O., und zwar dem Festlande (wie auch Britannien) so benachbart, daß die Absonderung derselben von jenem durch das Meer eher eine Verbindung, als eine Trennung, ward.

Anmerkung. Britannien (England und Schottland) verdankt (wie Sicilien ehemals) seine jetzige Größe und Wichtigkeit als Staat zum Theil der insularischen Lage.

Bemerkenswerth auch, daß die Britischen Inseln, so wie die pyrenäische Halbinsel vermöge ihrer Lage über das Atlantische Meer nach America hinweisen, und wirklich liegt und wurzelt dort jenseit des Oceans durch Verpflanzung ein Theil ihres Völkerlebens und ihrer Geschichte. Dagegen weisen die übrigen südlichen Halbinseln und Inseln (selbst das südliche Spanien) nach Africa, Asien, überhaupt nach dem Orient hin, von woher sie auch durch Uebergänge und Wanderungen, Schifffahrt und Handel (mittelst der Phönizier, Aegypter, Carthager, insonderheit der Kleinasiatischen Völker — Phryger, Lyder — so wie der spätern Araber) theils die ersten Keime der Cultur überkommen, theils eine fortgesetzte Anregung (Elemente der Thätigkeit und Bildung) erhalten haben. — Alles übrige Land nun von Europa, was weder Halbinsel, noch Insel, was überhaupt nicht Theil oder Glied ist, macht den Körper oder Stamm dieses Continents aus, welcher demnach die Mitte einnimmt und alle die Länder befaßt, welche vom Uralischen Gebirge bis zu den Pyrenäen, zwischen dem Weißen, Baltischen und Deutschen Meere — im Norden und dem Schwarzen, Griechischen und Italischen Meerestheile — im Süden unmittelbar liegen. — Natürlich, daß die wärmern und fruchtbaren Halbinseln des südlichen Europas (überhaupt Südeuropa) früher bevölkert und cultivirt wurden (vom Orient aus), als das nördliche Festland und der eigentliche Stamm oder Körper desselben. Namentlich bewohnten vor Christi Geburt die Apenninische- und Balkan-Halbinsel (insonderheit die südlichen Landschaften derselben) die Griechen und Römer, zwei Völker, welche alle Künste und Wissenschaften des Alterthums, wozu Talent und Genie hinreichen, so vervollkommten, daß sie — die Religion ausgenommen — die Lehrer der spätern (europäischen) Menschheit wurden. Diese, die Griechen und Römer, nannten die übrigen Völker von Europa und zwar die westlichen — Kelten (Celten oder Gallier) die östlichen — Scythen, Sarmaten, die ihnen später bekannten, im Norden wohnenden (zwischen den Alpen, Donau, Rhein bis gegen die Weichsel hin) — Germanen — überhaupt aber Barbaren (Ausländer, Fremdlinge, rohe und wilde oder ungesittete Völker). Nach Christi Geburt und seit der Völkerwanderung sind es vornehmlich 3 Völkerschaften, welche sich über Europa von O. und N. her verbreitet und darin angesiedelt haben, nämlich die Völker Slavischen Stammes im Osten, die Völker Germanischen Stammes in der Mitte und im N. (Mittel- und Nord-E.), die Völker Römisch-Deutschen Stammes (romanischer Art) im W. (im Westeuropa).

Die Gebirge und Flüsse (Karpathen, Sudeten, Alpen, Rhein) waren und sind zum Theil noch die Grenzscheiden der Völker (Siehe Unten).

Anmerkung. Wiewohl Europa — physisch — der kleinste Continent ist — so ist es doch — moralisch — d. h. durch die freie Bildung, Sitte, Wissenschaft und Kunst seiner Bewohner (Civilisation und Cultur) — der größte — gleichsam der geistige Oberherr und Gebieter (ja zum Theil auch der politische Beherrscher) der übrigen Continente. Und wie Europa seine Cultur aus dem Orient (aus Asien und Aegypten) großen Theils empfangen und das Empfangene veredelt und vervollkommt hat: so verpflanzt es jetzt seine Sprache, Gesetze, Religion, Gewerbe, Künste und Wissenschaften wieder auf America und Australien — mittelst des durch Schifffahrt und Handel erleichterten Weltverkehres. Es ist Europa aber auch der bevölkertste und volkreichste Continent, denn es enthält im Ganzen über 200 Mill. Einw. (auf 1 Quadrat-Meile über 1200), während Asien zwar noch Einmal so volkreich, aber nicht halb so bevölkert ist (an 500 M. E., jedoch nur 500 — 600 auf 1 Quadrat-Meile), und zwar ist die europäische Bevölkerung (mit Ausnahme von 3 — 4 Mill. Mohammedanern) Bekennerin des Christenthums, welches die Grundlage aller echt menschlichen Sitte und Bildung geworden ist und noch ist; wogegen Asien, obwohl die Wiege der christlichen Religion, an 80 Mill. Bekenner des Islam zählt. — Endlich ist Europa das produkten- und industriereichste Land — (nach Verhältniß) — das 2te Vaterland des Getreides und Getreidebaues — der Feld- und Landwirthschaft und aller darauf gegründeten producirenden und fabricirenden Gewerbe und Künste (selbst der Weinbau geht bis zum 50° N. Br.). — Alle diese und andere Vorzüge verdankt Europa theils seinem gemäßigten Klima, theils seiner Lage an 3 Meeren, theils seinen durch das Meer gebildeteten Halbinseln und Inseln (Schiffbarkeit), theils endlich andern vielen Ursachen und Gründen, welche die Völker- und Staaten-Geschichte nachweist (z. B. der ursprünglichen Menschen-Race, kaukasisch — celtisch — germanisch — slavisch).

§. 14.

Auch auf Asien hat (wie auf Europa, siehe §. 12) das umgebende Meer großen und bleibenden Einfluß gehabt und die Gestalt des Continents (außerhalb des Hochlandes — siehe §. 5.) mannigfach geformt und gegliedert. So ist zunächst der Ocean (der Indische oder südliche) von Süden gegen Norden hin in den Erdtheil eingedrungen und hat ungefähr in der Mitte desselben zwei große Halbinseln, die Indischen (Hindostan — Ostindien), gebildet, von welchen die östliche längere und schmale bis zum Aequator hinabreicht (Malakka — Cap Romania) und sich einer der größten Asiatischen Inseln nähert (Sumatra). Der zwischen beiden Halbinseln eingedrungene Meerestheil heißt das Ostindische Meer (das Meer von Hindostan), so wie die nördliche Spitze desselben der Meerbusen von Bengalen (von einer Landsch. am untern Ganges-Strom so genannt). Da in denselben ein vom nördlichen Hochlande her strömender Fluß, der Ganges (mit dem Brahmaputra), mündet, welcher auf eine weite Strecke hin die Völker und Gebiete schied und zum Theil noch trennt: so hießen die Indischen Halbinseln auch, und zwar die westliche die Halbinsel diesseit des Ganges, und die östliche die Halbinsel jenseit des Ganges (vorderindische- hinterindische- Halbinsel), von welchen jene die bekanntere, wichtigere ist — als der Sitz europäischer Colonien (seit der Umschiffung des Caps oder der Entdeckung des Seeweges nach Ostindien) und der britischen Herrschaft (seit der Zertrümmerung des Mongolen-Reiches).

Dasselbe Meer hat weiter westlich durch 2 in das Land eingehende Busen (Persische, Arabische), ein großes Halbinselland — das Arabische — gebildet, welches sich im S. Africa nähert (Rothen Meeres-Straße) und im N. mit demselben zusammenhängt (Landenge Suez), übrigens in seiner Oberfläche, im Boden und Klima u. s. w. Aehnlichkeit mit der Natur Africas hat — die Bewohner ausgenommen.

Eben so ist das Meer (das gr. Ost- oder Austral-Meer) in den Continent eingedrungen und hat an der östlichen Seite desselben mehrere Busen und Halbinseln gebildet, ja, eine große Inselreihe vom Festlande abgetrennt.

Die Halbinseln heißen im N. Kamtschatka, im S. Korea (ungefähr auf der Mitte der Küste gelegen; beide zwar auch gebirgig und hoch, aber im Uebrigen ganz anders gebaut und weniger cultivirt, als die indischen. — Im O. und N. von Korea zieht sich eine Reihe von Inseln, die Japanischen, hin, worunter die größte Niphon. Die Japanische Inselkette ist mit der Gruppe der Sunda-Inseln im S. und O. von Asien zu vergleichen (sie bildet — wie jene den südlichen — so einen östlichen Archipel).

Endlich ist auch das Meer von Westen her (das Atlantisch-Mittländische-Meer) in den Continent eingedrungen und hat hier die Halbinsel Klein- oder Vorderasien (die Taurus-Halbinsel) gebildet, welche, ursprünglich mit Europa zusammenhangend, einen Uebergang oder Brücke dorthin bahnte, und vielleicht, daß Griechenland auf diesem Wege seine Urbewohner erhielt; jedoch fand auch ein anderer Uebergangspunct aus Asien nach Griechenland und Europa statt, nämlich nördlich von dem schwarzen Meere, zwischen diesem und den letzten Ausläufern des Ural — in der Steppe der Wolga, des Don (untern) u. s. w. Uebrigens war die kleinasiatische Halbinsel im Alterthum nicht bloß ein Steg, eine Bahn für wandernde Völker, sondern auch ein Weg der Cultur zwischen dem Orient und Occident, überhaupt der Wohnsitz reicher Staaten und blühender Künste und Wissenschaften — jetzt dagegen und seit den Zeiten Timurs, Bajazeths und der Osmanen eine halbe Wildniß und Einöde oder ein Land des Verfalls und der Trümmer.

Anmerkung. Ueberhaupt erscheint West-Asien, d. h. alles Land westlich vom Indus bis zum Mittelmeer jetzt — gegen früher (d. h. gegen die Zeit der Perserherrschaft und des Griechenthums) — im Verfall und Untergang, wogegen für das nördliche West-Asien (Scythen-Land) eine neue Bildungsepoche einzutreten scheint (von Europa und Rußland aus).

Alles übrige asiatische Land nun, was nicht Halbinsel, oder Insel ist, bildet den eigentlichen Körper oder sogenannten Stamm des Continents, die zusammenhangende Mitte desselben, innerhalb deren das Hochland liegt (Vergl. §. 5.). Merkwürdig aber (wie bei Europa), daß zunächst die Halbinseln, oder wenigstens die anliegenden Südländer es waren, in welchen Sitte, Gesetz und Bildung (Civilisation und Cultur) aufblüheten. So erscheinen im Alterthum als Wohnsitze cultivirter

Völker (als Staaten): Indien, Persien, Medien, Babylonien, Bactrien, Kleinasien, Phoenizien, Palästina — kurz die meisten Länder vom Indus und Oxus bis zum Euphrat und von dort bis zum Mittelmeer.

Anmerkung. 1. Von zwei Seiten her dringt jetzt die Macht (die stille M.) der christlichen Sitte und europäischen Bildung in Asien ein — von Norden und Süden — durch die Russen und Engländer; — dagegen bleibt das östliche und innere Asien (China — Tibet — Japan) bis dahin eine den Europäern und dem Eingang europäischer Cultur verschlossene Welt.

Anmerkung. 2. Kein Erdtheil hat so viele und mannigfaltige Völker — mit besondern Sprachen, Religionen, Gesetzen u. s. w. — und so große Reiche aufzuweisen, als Asien, besonders während des Alterthums, weil es in keinem Erdtheile so große, ausgedehnte und geschlossene Länder und Räume (Hochebenen, Gebirge u. s. w) giebt, als in Asien — daher auch die Menge der Staatsumwälzungen, Regentenwechsel, Kriege und Eroberungen in diesem Erdtheile.

§. 15.

Wie das Meer von Westen her in Europa eingedrungen ist, so auch (von derselben Weltgegend her) in den Continent Africa, und zwar hat dasselbe hier einen großen Busen (Golf), den von Guinea (Guineischen), ausgespült, welcher zu beiden Seiten, besonders im N. des Aequators, sich öffnet und die Gewässer des Nigerstroms in sich aufnimmt. Dieser große Meerbusen scheint den schifffahrenden Völkern des Alterthums (Phönizicrn, Carthagern, Griechen, Römern) unbekannt geblieben zu seyn und wurde erst gegen die Mitte des 15ten Jahrhunderts von den Portugiesen entdeckt, welche von hier aus die Umschiffung Africas um das südlichste Promontorium (das Cap) vollendeten (eine in der Geschichte der Erdkunde und des Welthandels Epoche machende Begebenheit).

Anmerkung. Ueberhaupt erstreckte sich die Kunde von Africa bei den Alten (und selbst während der neuern Zeit bis Secul. XV) nur auf die Nord- und Küstenländer; die Portugiesen wurden die zweiten Entdecker Africas.

Auch von Norden her hat das Meer, und zwar das Mittelmeer, die Gestade (die ursprüngliche Gestalt derselben) verändert und dort namentlich, ungefähr in der Mitte (den europäischen Halbinseln Italien und Griechenland gegenüber), zwei kleine (untiefe, flache) Busen, die große und kleine Syrte (Sidra und Cabes) gebildet, welche den Alten wohl bekannt, jedoch für Schifffahrt und Handel weniger geeignet, daher unwichtig waren, und es auch noch jetzt sind. Dasselbe gilt von der dritten Meereseinspülung dieses Continents auf dessen östlicher Seite, nämlich von dem Arabischen Meerbusen, welcher zwar die Communication zwischen Asien (Arabien) und Africa zu befördern bestimmt zu seyn scheint, jedoch wegen seiner Klippen und Untiefen der Schifffahrt Schwierigkeiten entgegenstellt. (Jetzige Versuche mit Dampfböten).

Schon hieraus, aus der geringen Anzahl von Busen und Buchten ergiebt sich, wie verhältnißmäßig wenige Ein- und Ausschnitte die gesammte Küste des africanischen Continents, oder wie wenige eigentliche Halbinseln (gleichsam auslaufende Glieder) sie hat. Da nun dergleichen Halbinseln und die ihnen anliegenden, tief in das Festland eingreifenden Busen ein vorzügliches Beförderungsmittel theils des Verkehres und Lebens überhaupt, theils der Erforschung und Erkenntniß des innern oder Binnen-Landes sind: so wird es auch aus diesem Naturverhältniß erklärlich, warum Africa und insonderheit das Innere desselben (das Hochland) bis dahin so unverhältnißmäßig wenig erforscht, aufgeschlossen und zugänglich geworden ist. Es erscheint demnach Africa als eine mächtige, mehr abgerundete und geregelte, als gespaltene Landmasse, oder als ein starrer Körper ohne bewegliche Glieder; denn auch Inseln hat der Continent weniger, als die übrigen, wie denn nur ein einziges großes Eiland im SO. sich darstellt, Madagascar, welches in Hinsicht seiner Größe mit der Sundaischen Insel Borneo zu vergleichen, überdieß in sofern historisch merkwürdig ist, als bis dahin die Araber im Mittelalter Schifffahrt und Handel trieben. Außerdem im N.W. die auch den Alten bekannten Canarischen Inseln (Insulae fortunatae — Ferro).

Die allermerkwürdigste Einwirkung des Meeres auf den Continent zeigt sich jedoch im Norden desselben südlich von den Syrten, wo ein langer und breiter (in Färbung gelblich gehaltener) Landstrich, die Wüste oder die Sahara genannt, einen ehemaligen Seeboden zeigt: ein Umstand, welcher die Verbindung von N. und S. Africa von jeher erschwert hat.

Anmerkung. Die Aegypter, Phönizier und Carthager (wie später die Griechen) kannten die Sahara (das eigentliche Tiefland), unternahmen Reisen in dieselbe und legten auf den culturfähigen Flächen derselben (Oasen) Colonien an.

Anmerkung. Die verhältnißmäßig wenigen Meerbusen, Halbinseln, Hafenstellen u. s. w. Africas sind eine von den vielen Ursachen, welche die innere Civilisation dieses Continents theils unterbrochen, theils gehemmt haben.

§. 16.

Wie die Gewalt des Wassers und die Strömung des Meeres den östlichen Continent zertheilt hat: so hat dasselbe auch den westlichen Continent fast auseinandergerissen und zerspalten und zwar ungefähr dort, wie hier, in der Mitte desselben. Inzwischen ist im Widerstande gegen den Andrang des Elementes ein langer, hoher Isthmus (von Panama oder Darien), nebst mehreren Inseln und Halbinseln, stehen geblieben, welche man, wie den Meeresbusen, an und in welchem sie liegen, die Mexicanischen nennen kann.

Von den Halbinseln tritt eine, Yucatan, aus der großen mittelamerikanischen Landenge gegen O. (N.O.) hervor und weist auf die andere hin, Florida, welche eine südliche Fortsetzung des Festlandes von N. Amerika ist.

Ungefähr bis in die Mitte des dazwischen liegenden Meeres (von Mexico) reicht die lange Inselkette, die Antillische, welche von der N.O. Küste von S. America an bogenförmig gegen N.W. hinzieht und den Golf von Mexico von dem südlich darunter liegenden Meere, dem Caraibischen, absondert, wiewohl beide einen zusammenhangenden Busen mit der südlichsten kleinen Bucht, von Darien, zwischen dem Isthmus und dem Festlande bilden. Uebrigens nimmt, wie der Bengalische Golf den Ganges und Brahmaputra, und der Guineische den Niger, so der Mexicanische von N. her den Missisippi, mit dem Missuri, und den Norte-Strom, so wie von S. her den Magdalenen-Fluß auf (ein für Schifffahrt und Handel höchst wichtiges Verhältniß).

Aber auch hoch im Norden ist das Meer von O. her (das Atlantische) in das Amerikanische Festland eingedrungen und hat durch einen nördlichen größern Busen, den Hudsons-Busen, so wie durch einen südlichern, kleinern, den Lorenz-Busen, 2 Halbinseln und mehrere große und kleine Inseln gebildet. Die nördliche heißt Labrador, die südliche Neu Schottland; die östlich vor dem Lorenz-Busen gelegene Insel Neufundland.

In den Lorenz-Busen mündet ein Strom (gleichnamiger), der Lorenz-Strom, welcher die Gewässer aus den großen Seen ableitet, die westwärts im Binnenlande liegen, die Canadischen. Wenn diese (der Obere See) mit dem Hudson-Busen zusammenhingen: so würde Labrador mit dem südwärts anliegenden Lande Canada eine Insel seyn, allein Canada ist ein Hochland mit Steilküsten gegen die canadischen Wasserbecken.

Wichtig sind diese nordöstlichen Halbinseln, Inseln und Gewässer, insofern sie einen Theil des britischen Americas (Neubritannien) bilden, den Wallfischfang, Robbenschlag und die Pelzwildjagd begünstigen, auch in frühern Zeiten, wo Frankreich noch Niederlassungen am Lorenz=Strom hatte (Quebec), zu folgereichen Kriegen Veranlassung gaben.

Auf der Westseite von Südamerica hat das Meer keine, oder unerhebliche Einbrüche gemacht, wegen des unfern der Küste aufstarrenden Hochgebirges, dagegen mehrere Busen und Buchten auf der westlichen Seite von Nordamerica gebildet, so z. B. die Panama=Bucht, der Darischen gegenüber die Californische, zwischen der langen und schmalen Halbinsel Californien und dem Festlande, endlich mehrere Buchten auf der eigentlichen N.W.=Küste und hoch im Norden, da wo die Halbinsel Alaschka und eine andere (namenlose) unter dem Polarkreise mit dem Prinz Wales=Cap in das Meer treten — die letztere weist nach Asien (nach dem Ost=Cap und der Tschuktschischen Halbinsel), so wie die vorletzte — Alaschka — nach der Kurilischen Inselkette hinüber, welche den nördlichen Theil des Austral=Oceans einschließt. — Was aber die Eilande auf der N.W.=Küste anbetrifft, wie z. B. die Inseln Vancouvre, Kodjak u. a., so sind dieselben, wie der ganze Küstenstrich, theils englische, theils russische Besitzungen und wegen des Handels (und des Pelzwildes) von Wichtigkeit.

Anmerkung. Die Busen und Häfen auf der Westküste von N. und S. America werden erst dann ihre volle Wichtigkeit erhalten, wenn ein fruchtbarer Verkehr und lebhafter Handel mit den Inseln und dem Festlande von Australien eröffnet seyn wird.

Endlich hat sich das Wasser des Oceans auch bei der Küstengestaltung von Australien wirksam gezeigt und, wie im Süden einen noch namenlosen tiefen Einschnitt, so im Norden den Meerbusen von Carpentaria gebildet. Eine dadurch entstandene Halbinsel (ohne Namen und Geschichte) weist nordwärts auf die große Guinea=Insel, so wie die S. O.=Küste des Austral=Landes auf das Van Diemens=Eiland hin, wie es denn nicht unwahrscheinlich ist, daß beide Inseln in der Urzeit mit dem Continent zusammengehangen haben.

Anmerkung. Hier ist der Ort, um die merkwürdige Verbreitung der Gewächse und Pflanzen (insonderheit der Nahrungs= und Handels=Pflanzen) vorläufig nachzuweisen oder um die Pflanzen=Geographie einzuleiten (Getreide, Reiß, Mais, Brotfrucht, Palmen — Tropengewächse —). Vergl. Humboldts Pflanzengeogr. von Stirbes, Berlin 1827.

Die Continente oder die fünf Erdtheile

für

sich und nach ihrer besondern physischen Gestaltung und historischen Bildung betrachtet.

Der Asiatische Continent.

(§. 17 — 36.)

§. 17.

Asien (der asiatische oder große Ost-Continent, das Morgenland, der Orient (vergl. in Ansehung seiner allgemeinen geographischen Länge §. 4) liegt, wie schon sein historischer Name anzeigt, auf der östlichen Erdhalbkugel (Hemisphäre) (wie Europa) und hat hier im Osten und Süden das große Ostmeer (Austral- und Indische-Meer), so wie im Norden das Arktische-Meer zu seinen natürlichen Grenzen.

Da die südlichen Theile des Continents sich dem Aequator nähern, ohne ihn zu erreichen, so liegt Asien, nach seiner allgemeinen geographischen Breite betrachtet, zugleich auf der nördlichen Erdhalbkugel (Hemisphäre), wie ebenfalls sein Neben-Continent Europa, woraus folgt, daß die Hauptmasse desselben der klimatischen Beschaffenheit nach in die gemäßigte Zone fällt (zwischen den (nördlichen) Wende- und Polar-Kreis). Jedoch vereinigt die ausgedehnte Breitenlage des Continents die drei **Hauptzonen in sich**; denn, so wie alle Theile desselben nördlich und südlich vom Aequator (bis zu den Tropen-Zirkeln) der **heißen Zone** angehören (oder **Tropenländer** sind) — wie z. B. Indien, Arabien in ihren südlichen Hälften, außerdem die südasiatischen (Sundaischen) Inseln, — so gehören die flachen Küstenstriche Asiens im N. des arktischen (oder jenseit des nördlichen) Polarkreises in den Bereich der **kalten Zone** und bilden, wie (theilweise) **Sibirien**, die **Polar-Länder** des Continents, welcher dort bis zum 77 Grade der nördlichen Breite, also mehrere Gr. (ungefähr 80 — 90 M.) weiter reicht, als Europa. Die Inseln **Neu-Sibirien** sind das nördlichste, so wie Java und andere kleinere Eilande das südlichste **Inselland**. — Alle übrigen vom nördlichen Wendekreise bis zum nördlichen Polarkreise gelegenen Continents-Theile (insonderheit die von 20, oder 25 — 50° N. Br. gelegenen) sind dem Klima nach gemäßigte, jedoch ihrer verschiedenen Höhe und Tiefe nach klimatisch sehr verschiedene Landstriche. Denn innerhalb der gemäßigten Zone liegen nicht bloß alle Hochländer Asiens oder das gesammte Hochasien (vergl. §. 5.), sondern auch viele **Tief- und Flach-Länder** (z. B. Indien (das nördliche), fast ganz China u. s. w.) — woraus, zumahl mit Bezug auf die Stufenländer, folgt, daß kein Continent ein so verschiedenartiges und mannigfaltiges Klima hat, als Asien. Hieraus lassen sich wenigstens zum Theil die höchst mannigfaltigen Producte, Gebilde und Formen (Varietäten) des Thier- und Pflanzenlebens (der Fauna, Flora) in diesem Continent erklären.

§. 18.

Da Asien nur mit Einem **Continent**, nämlich mit **Europa**, im festen und bedeutenden Zusammenhange steht, und zwar im W. durch einen 300 Meilen langen, v. S. nach N. streichenden Gebirgszug, den **Ural**, wogegen es im S. W. mit Africa durch eine niedrige und flache Landenge (Suez — 15 Meilen Br.) nur **lose** verbunden, und von America im N.O. durch eine schmale Meerenge abgesondert ist (Cook-, Behrings-Straße): so hat der Continent ein **halbinsulares Ansehen** oder erscheint als ein großes, von den übrigen **Continenten** (theilweise) geschiedenes **Halbinsel-Land**.

Die Scheidung von Europa im W. durch das Schwarze und Mittländische-Meer und deren Theile (Meerengen, Bospore) ist aber eigentlich als eine Verbindung (so wie die Verbindung durch den Ural als eine Scheidung) zu betrachten; denn jene beiden Meere waren seit Jahrtausenden Schifffahrts- und Handels-Meere, während der Ural erst in neuern Zeiten und durch einen Zufall überstiegen, und so N. Asien (Sibirien) entdeckt und in Verbindung mit Europa gesetzt worden ist (um 1580 unter dem Zar Iwan II. von Rußland).

Anmerkung. Das Uralische Gebirge bildet eine natürliche Grenzscheide zwischen Asien und Europa, nur im N.O. (von Europa aus betrachtet), und zwar von N. gegen S. bis dahin etwa, wo der Fluß Ural in die Ebene tritt, und die Stadt Orenburg liegt (ungefähr unter dem 50° N. Br.). Von da abwärts erscheinen die niedrigen Aeste und Zweige des Ural oder die Höhenzüge und Landrücken desselben zwischen dem untern Ural-, Wolga- und Don-Strom, die natürlichen Grenzen zwischen beiden Continenten (wiewohl sie in einander laufen und nur historisch zu scheiden sind) bis dahin, wo aus der tiefen Ebene zwischen dem Caspischen und Schwarzen Meere der Caucasus aufsteigt.

Das Uralische Gebirge ist als Grenzgebirge zwischen Asien und Europa zwar an 300 Meilen lang, jedoch ein einzeln stehendes Gebirge; denn es hängt mit den übrigen Gebirgen Asiens entweder gar nicht, oder nur schwach im S. O. an den Quellen des Ural-Flusses zusammen; überall dagegen, besonders gegen O. und W. hin, breiten sich tiefe und weite Ebenen und Steppen aus, und zwar heißt die westlich vom Ural ausgebreitete Ebene die Wolga-Ebene, die östlich davon gelagerte die Obische Ebene (ein Theil derselben die Ischimsche Steppe).

Eben so verflächt sich der Ural gegen Süden zu beiden Seiten des gleichnamigen Flusses in eine flache Steppe, Kirgisen-Steppe genannt, ein Theil des im Mittelalter berühmten Tataren- und Mongolen-Reiches (Astrachan). Noch tiefer liegt der große Land- oder Binnen-See, der Caspische, in welchen die Wolga und der Ural fallen; so wie der mit dem Caspischen See früher zusammenhangende Aral-See, in welchen von dem hohen Ost-Asien her ebenfalls zwei Ströme fallen, der Gihon (Amu, Oxus) und Sihon (Syr). In dem Gebiet des erstern großen Stromes (des südlichern) liegt eine Stadt, Buchara, von welcher alles zwischen dem untern Gihon und Syr gelegene Land (oder wenigstens der größte Theil) die Bucharei genannt wird (große oder westliche B.).

Anmerkung. Die kleine oder vielmehr hohe Bucharei (die östliche, chinesische) ist ein Theil (der westlichste) des eigentlichen Hochasiens und seiner Scheitelfläche, mit der Hauptstadt Kaschgar.

Dieser so eben im Allgemeinen bezeichnete Erdraum von Asien oder alles Land nördlich und östlich vom Caspischen- und Aral-See bis dahin, wo die Gebirge aufsteigen, im N. der Ural, im W. der Caucasus, im S. das nordpersische (Alburs u. s. w.), im O. das Geb. von Turkestan, ist zugleich die tiefste Erdstelle des Continents, eine große Senkung oder Einsenkung desselben oder das tiefste Tiefland von Asien.

Anmerkung. Das große Europäisch-Asiatische Tiefland um den Caspischen See her war urzeitlich Meeresgrund, und so wie der Aral-See mit dem Caspischen, so hing dieser mit dem Schwarzen Meere zusammen.

Das Caspische und Tatarische Tiefland erstreckt sich übrigens weit in Europa und Asien hinein, dort (von dem Caspischen See aus) nordwestlich über die Wolga, den Don u. s. w. — kurz — durch ganz Ost Europa bis zu den Carpathen und im N. derselben bis zu den Küstenländern der O. und N. See; hier nordöstlich über den Syr und zwischen dem Ural und dem Alginskischen Bergzuge hinaus durch das ganz nördliche oder sibirische Asien. Faßt man beides, das sibirische oder nordasiatische Tiefland, oder die vom Obi bis zur Lena und darüber hinaus ununterbrochen sich ausdehnenden tiefgelegenen Ebenen mit denen zusammen, welche um die Caspisch-Aralischen Binnenseen her ausgebreitet liegen: so erscheint das gesammte nordwestliche Asien als Ein großes, und zwar zugleich als das größte Tiefland von Asien, ungefähr $\frac{1}{3}$ (und mehr) des Ganzen einnehmend.

§. 19.

Wie nun ungefähr unter dem 40° N. Br. der tiefste Punct oder die tiefste Niederung Asiens liegt, so zeigt sich ungefähr 10 Grad südlicher (150 Meilen) oder unter dem 30° N. Br. der höchste Punct desselben oder die größte Erhebung in dem südasiatischen Alpengebirge Himalaya, gerade wie Europa in einem ebenfalls südlich gelegenen und alpenhohen Gebirge, dem Helvetischen, seine höchste Höhe hat.

Dieses mächtige Gebirge, das eigentliche Hoch- oder Riesengebirge Asiens, zieht sich unter verschiedenen Gestalten und Namen östlich und südlich bis zum australen und indischen, so wie westlich vor den südlichen Gestaden des Caspischen Meeres vorbei bis zum Mittelmeere, und wie es hier das taurische, dort das indochinesische heißt, so befaßt man es in seiner Mitte unter dem gemeinschaftlichen Namen des Indischen Gebirges.

Am höchsten, außer seiner Mitte (Dawala Giri (i. e. Weißer Berg, Montblanc, über 26000 Fuß), erhebt es sich als einzelnes Gebirge zwischen dem Caspischen und Schwarzen Meere unter dem Namen Caucasus, so wie im Osten da, wo die beiden großen Chinesischen Ströme (der gelbe und blaue) dasselbe durchbrechen und zum tiefen Chinesischen Flachlande abfließen. Aber nicht bloß unter sich, sondern auch mit den übrigen Gebirgen des Continents, namentlich mit dem nördlichen Alpen-Gebirge, dem Altai, steht das Himalaya-Gebirge in Verbindung; namentlich ist das Belur-Gebirge oder der Belur-tag ein solches Verbindungsglied im W., so wie im O. diejenigen Gebirge, welche das eigentliche China vom innern Hochlande trennen. — Da, wo beide Gebirge, der Belur mit dem Hindu-kuh (Hindu-Gebirge), zusammentreffen, und der Indus durch das letztere Gebirge bricht (35° N. Br., 90° O. Länge), ist ein von Natur und durch die Völkergeschichte erkennbarer Scheide- und Wendepunct des asiatischen Continents. Bis hieher geht nämlich das hohe östliche oder das östliche Hochasien oder auch Hinterasien (vergl. §. 5.), mit seinen mächtigen Gebirgen, als natürlichen Schutzwehren und Bollwerken; bis hieher, bis zum Indus oder seinen Zuflüssen, kamen die europäischen Eroberer und Weltstürmer, Alexander und die Seleuciden; hier am obern Indus und im Süden des Himalaya änderten und ändern sich die Völker, Sprachen, Gesetze (Religionen), Sitten; es entschleierte sich den Alten eine neue geographische und historische Welt, die erst von den neuern Nationen seit der Umschiffung des Caps (seit 1500) aufgedeckt wurde. Mit Recht wird daher der vom Indus-Thal durchschnittene Hindu-kuh mit dem sich nördlich anschließenden Belur-tag und dessen weiteren Fortsetzungen, den Quellgebirgen des Oxus (Gihon), als die natürliche Grenzscheide des östlichen und westlichen Asiens (Hinter- und Vorder-Asiens) angenommen, so daß zu diesem alle bereits im Alterthum hochberühmte Cultur-Länder, wie Assyrien, Medien, Baktrien, Persien. Phönizien, Palästina, Phrygien, Lydien, griechisch Klein-Asien u. s. w., zu jenem dagegen diejenigen Länder gehören, welche erst seit 3 — 400 Jahren zur geschichtlichen Kunde und in den Weltverkehr Europas gekommen sind, wie Indien, Tibet, China, Japan u. a. Und während nun vorzugsweise die beiden Indien das eigentliche südliche Asien (Südland Asiens) ausmachen: — so sind es die Wohnsitze der im Alterthum mit einem allgemeinen Namen Scythen (Mongolen, Tataren) zusammengefaßten Völker, welche die weiten Räume des nördlichen und mittlern Asiens erfüllen. Insonderheit aber erscheinen die jetzigen sibirischen Völker, die Ostjaken, Tungusen, Jakuten, als die Nachkommen der nördlichen Scythen (Jagd- und Fischervölker), wogegen die Scythen, welche das mittlere oder hohe Asien, von den Quellen des Amur-Stromes bis zu den Ufern und Mündungen des Gihon hin bewohnten (zwischen 40 — 50° N. Br.), die eigentlichen Steppen- und Nomaden-Völker oder Viehzucht und Heerdenwirthschaft treibenden Völker waren, die jedoch von Zeit zu Zeit auch als Kriegs- und Eroberer-Völker unter den Namen von Hunnen, Mongolen, Tataren auftraten, aus ihren unwirthlichen Hochsteppen und Hochländern aufbrachen und, den großen Landesabdachungen folgend, aus den weiten Thalöffnungen und Pässen zwischen dem Altai und Himalaya (in weitester Bedeutung) wie ein verheerender Strom sich in die Gegenden des Caspischen Meeres ergossen und von hieraus theils das westliche Asien, theils Europa bis zu den Sudeten und Carpathen überschwemmten. 1241 Sieg der Mongolen bei Liegnitz (Wahlstatt). Die Nachkommen derselben sind die jetzt zersprengten und in die Ohnmacht der Uncultur versunkenen Horden: Mongolen, Kalmyken, Turkomanen, Kirgises, Usbeken und andere, die man unter dem Gattungsnamen der Tataren begreift.

Anmerkung. Die Mongolei und Tatarei sind demnach die beiden Ursitze der asiatischen Horden (Hirten- oder Nomaden-Völker); jene im Osten — jenseit des Belur — zwischen Himalaya und Altai, diese — im W. des Belur und N. des Hindukuh bis zum Caspischen Meere. Der Uebergang von dem einem zum andern dieser weiten Länderräume öffnet sich im N. des Belur, so daß die Tatarei als der 2te Sammelplatz auf den Völkerzügen vom Hochlande aus erscheint (vergl. die Züge und Eroberungen Dshingis-Chans und Tamerlans, so wie die neuern Verhältnisse dieses Steppenlandes).

§. 20.

Da das asiatische Hochland (wie die übrigen Hochländer der Continente, besonders Africas), d. h. das Hochland der Mongolei, Tatarei, Tibets, nebst der Gobi oder Schamo (Wüste), theils ein noch unbekanntes Binnenland, theis ein Steppen- und Wüsten-Land (ohne ein großes, wichtiges und merkwürdiges Pflanzen-, Thier- und Völkerleben) ist: so genügt es zur allmähligen Auffassung des Ganzen, von den Haupttheilen desselben eine Ansicht zu geben, d. h. die Landschaften, welche an dem Hochlande anliegen oder von demselben abfallen (sich absenken), in ihren allgemeinsten Umrissen zu bezeichnen.

Das Himalaya-Gebirge, welches (in seiner weitesten Ausdehnung) das östliche Hochasien im Süden umgiebt (Siehe §. 5. und 19.), fällt über Stufen- und Flachländer in 2 großen südlichen Halbinseln ab, die in das indische Meer fast bis zum Aequator hin sich erstrecken. — Auf ähnliche Weise liegen in Europa vor dem Alpen- und Balkan-Gebirge zwei Halbeilande (das italische und griechische). Jene beiden asiatischen Halbinseln heißen mit einem allgemeinen Namen Indien und bilden im engern Sinne das eigentlichen Süd-Asien. Das indische Meer begrenzt und trennt dieselben durch einen großen und weiten Meerbusen, den Golf von Bengalen, in welchen ein Hauptstrom Indiens, der Ganges mit dem Brahmaputra, mündet und eine weitere natürliche Grenze da macht, da wo er das Gebirge im N. durchbricht. Diejenige indische Halbinsel nun, welche westlich von dem Bengalischen Meerbusen liegt, heißt Vorder-Indien oder die Halbinsel diesseit des Ganges oder Hindostan (das Land der Hindus), wogegen die im Osten des genannten Meerbusens liegende den Namen Hinter-Indien oder Halbinsel jenseit des Ganges führt. Man könnte sie auch die chinesisch-indische, wie jene die tibetisch-indische nennen, in sofern China im O., und Tibet im W. die nördlichen Grenzländer der beiden Indien, so wie diejenigen Länder sind, durch welche die beiden Halbinseln mit dem übrigen Fest- und Hochlande Asiens zusammenhangen.

Anmerkung. 1) Wenn die beiden indischen Halbinseln an 100000 Quadrat-Meilen mit ungefähr 100 M. E. enthalten, so kommen davon auf die größere westliche über 50000 Quad. mit mehr als 120000 B.

Anmerkung. 2) Die alten Griechen und Römer lernten Indien erst seit Alexanders Kriegszügen kennen (330), und dennoch blieb es ihnen eine terra incognita; die neu-europ. Völker entdeckten und erforschten es (theilweise — Vorder-Indien) seit 1500, seit der Periode des Seeweges um das Cap. — Seit den ältesten Zeiten aber war das wunderbare Südland das Ziel der Eroberer und des Handels, so wie es noch jetzt der Mittelpunct der engl. Macht und Herrschaft in Asien ist (britisches Ostindien, das Reich der engl. Handels-Compagnie.

§. 21.

Wie der Ganges mit dem Buremputer im O., so bildet der Indus-Strom im W. die natürliche Grenze von Vorder-Indien (gegen Persien hin) (Siehe §. 8.). Alle 3 Ströme kommen aus dem asiatischen Hochlande herab, jenseit des 30° N. Br. (Tibet), aus den Gletschern und Schneefeldern des Himalaya, zum Theil aus noch unerforschten Höhen und Fernen (der Ganges diesseit des H.); sie fließen in ihrer Hauptrichtung von N. nach S., bezeichnen die Abfälle und Abdachungen oder die Uebergänge des Landes (vom Hochlande zum Stufen- und Flachlande) und geben demselben, vor allen der Ganges (der heilige Strom der Hindus), Fruchtbarkeit und Leben (die Ganges-Staaten und Städte). Uebrigens liegen die Mündungen des Indus und des Ganges und Buremputer weit aus einander und auf entgegengesetzten Seiten der Halbinsel; jene am persisch-arabischen Meere, diese am Meerbusen von Bengalen, wo beide, wie der ägyptische Nil, sumpfige, zum Theil sehr fruchtbare Niederungen (Deltas) bilden. Da, wo der Ganges seinem Ausfluß sich nähert und in viele Arme sich spaltet, liegt die reiche Landschaft (Tiefebene) Bengalen mit der Hauptstadt Calcutta, wogegen um den Indus, von seiner Mündung aufwärts, eine Sandwüste sich ausbreitet, besonders ostwärts. Calcutta selber ist, nächst dem mit ihm ungefähr unter demselben Breitengrade liegenden Canton (in China) (22°), die größte Handelsstadt Asiens (das asiatische London), mit 800000 Einwohner.

Anmerkung. Am Ganges aufwärts oder in der großen Ganges-Ebene liegen noch die alt-indischen Städte Benares und Dehli, jene die heilige Stadt der Hindus mit Pagoden und einer Brahmanen-Schule (über ½ M. Einw.), diese noch älter (um 700 v. Chr., wie Ekbatana, erbaut), Residenz der indischen und seit 1600 der mongolischen Fürsten, welche Indien eroberten (Kaiser — Groß-Mongul), jetzt zum Theil in Trümmern mit ½ M. Einw. — Außerdem noch viele andere große und volkreiche Städte, in welcher Hinsicht Hindostan Aehnlichkeit mit China hat.

§. 22.

Auch die hinterindische Halbinsel hat, wie die vorderindische, zwei Hauptströme, welche dieselbe von N. gegen S. parallel theils durchziehen, theils begrenzen, den Irawaddy im W. (Ira-wadi) und den Cambodscha (Cambodja) oder Maykaung im O. Ersterer — der größte der hinterindischen Ströme, wie der Ganges der vorderindischen — entspringt wahrscheinlich auch auf dem Hochlande von Ostasien (in Tibet jenseit des 30° N. Br.) und fließt durch das Birmanische Reich (Ava) in das ostindische Meer; er heißt daher auch der Strom von Birma oder von Ava und Pegu. Letzterer — der Maykuang oder Strom von Cambodscha — kommt ebenfalls aus dem hohen Asien (dem Hochlande von Tibet), durchfließt das Reich Anam und ergießt sich in das hinterindische oder chinesische Meer; er kann daher auch der Strom von Anam genannt werden.

Uebrigens sind auch diese Ströme, wiewohl in ihrem Quellen- und Oberlauf noch sehr unbekannt, gleichsam die Pulsadern oder die Leben und Fruchtbarkeit spendenden Elemente des Landes, daher auch an denselben die meisten und wichtigsten Städte liegen, wie Amarapura und Ava am Irawaddy mit 150000 Einw., Pegu, Martaban u. a. m.; letztere an der Mündung des Thaluayn-Stromes (Saluen —), des großen Parallel-Stromes zwischen den Irawadi und Cambodja.

Anmerkung. Die Städte Arakan (in Birma) und Malakka auf der gleichnamigen Landzunge sind im Besitz der Engl. und wichtige Handelsplätze (so wie die Insel Singapore).

§. 23.

Die beiden indischen Halbinseln haben zwar eine gewisse äußere Aehnlichkeit (der Gestalt, des Bodens, Klimas, der Producte), sind aber doch in ihrem Innern, in ihrer natürlichen Bauart und Bildung, so wie auch geschichtlich, d. h. in Ansehung der Bewohner und ihrer Entwickelung, sehr verschieden. So liegt z. B. beiden eine Insel vor, Vorderindien die Insel Ceylon, Hinterindien die Inseln Sumatra; allein Sumatra ist weit größer, als Ceylon (nächst Borneo die größte Sunda-Insel) und erst in neuern Zeiten durch Ansiedelung der Engländer berühmt geworden (Benkulen — Hauptort derselben), wogegen Ceylon bereits im Alterthum berühmt war und auch jetzt und seit der Besitznahme durch die Engländer mehr europäische Sitte und Bildung (Civilisation) hat (Colombo — Trinkomale die Hauptstädte). — Außerdem liegt zwischen Sumatra und Hinterindien in der Straße von Malakka unfern des Caps Romania noch ein kleines Eiland mit der wichtigen Handelsstadt Sincapore (Singapore), 20000 Einw. (Hdl. zwischen Indien, China, Australien). Ferner breitet sich auf der Halbinsel diesseit des Ganges zwischen diesem Strom, seinem Nebenfluß Jumna und dem Indus, also südlich von dem Hochgebirge (Himalaya) und dessen Stufenlandschaften (Kaschmir, Nepaul), eine große, tiefe und fruchtbare Ebene, die Ganges-Ebene oder das Flachland von Hindostan, aus, in welcher die bereits oben genannten berühmten Hindus-Städte Dehli und Benares liegen. Aus dieser Ebene von Hindostan erhebt sich südwärts wieder ein kleines Hoch- und Gebirgsland — Dekan genannt, welches sich bis zur Küste in O. und W. fortsetzt und in hohen Gebirgsrändern zum Meere abfällt (Ghates-Gebirge). Auf demselben — auf Dekan — liegen die Städte Hyder-Abad, Golkonda, Seringapatam. Durch die Halbinsel jenseit des Ganges ziehen dagegen mehrere Aeste und Zweige des nördlichen Hochgebirges (indochinesischer Fortsetzung des Himalaya) die in der Mitte große und breite Längenthäler, in O. niedrige Küstenflächen, im W. (in Birma) Berglandschaften bilden, im äußersten Süden aber — auf der malayischen Halbinsel oder auf Malakka — sich aufs Neue zu einer 10000 Fuß hohen Bergkette erheben.

Der wichtigste Unterschied zwischen Vorder- und Hinterindien ist jedoch der, daß letzteres bis auf einen auf der Westküste am bengalischen Golf von den Engländern eroberten Landstrich (im Birmanen-Kriege) noch frei und unabhängig ist und unter einheimischen Königen und Fürsten steht (das birmanische Reich, Anam, Siam), Vorderindien dagegen seine politische Selbstständigkeit, wie früher durch die Mongolen (1525 Schach Babur), so seit dem Anfang des 17ten Jahrhunderts, insonderheit aber gegen Ende desselben (1799) an die Engländer verloren hat, denn seitdem ist, mit Ausnahme einiger noch freien Staaten und Völker im NW. (Seiks, Mahratten), die Halbinsel diesseit des Ganges ein europäisches Neben- und britisches Colonien- und Handelsland geworden. In demselben (dem englischen Ostindien) liegen daher auch die Hauptfestungen und Haupthandelsplätze des Landes: Calcutta (Siehe Oben), so wie Bombay, Madras und viele andere Großstädte von 50—100000 Einw. — jenes — Bombay — wie Surate, Calicut, Cochin (Kotschin) — auf der westlichen Küste, dieses — Madras — wie Mahulipatam u. a. — auf der östlichen Küste. Daher ist denn auch das Reich der Engländer in Ostindien ungefähr das und mehr noch, was früher das Cap-Land der Holländer in Africa war, nicht bloß der Mittelpunct ihres asiatischen und außer-europäischen Handels, sondern auch der Punct, von welchem ausgegangen worden ist und wird, das übrige Südasien zu europäisiren, d. h. europäische Sprachen, Gesetze, Verf. und Reg. einzuführen, namentlich die uralte Religion der Hindus (Religion des Brahma), zu vertilgen; denn diese ist nebst der mohamedanischen in Vorderindien die herrschende, wie in Hinterindien und anderwärts die Religion des Buddha, welche die Kasteneintheilung (worauf die Brahminen-Reg. beruht) verwirft und jetzt noch über 250 Mill. Anhänger zählt.

Wenn übrigens die beiden Indien über 100000 Quadrat-Meilen groß sind (Vorderindien um etwa 10000 Quadr. Meilen größer), so kommen auf die Besitzungen der Engländer (mittelbare und unmittelbare) über 50000 Quadr. M. mit mehr als 120 Mill. Einwohner.

Anmerkung. Außer der Buddha-Religion (einer Abart oder reformirten Form der brahmanischen) die — von den Brahmanen verfolgt — sich über Ostasien (Tibet, China) verbreitete, ist die merkwürdigste Eigenthümlichkeit von Hinterindien die malaiische Volks-Race im S. derselben, die, ohne einen Staat zu bilden oder ein Reich zu haben, als Handelsleute und Seeräuber eine Art Herrschaft in dem asiatischen und australen Archipel behaupten.

§. 24.

Im östlichen Hochasien, auf hohen, unbekannten Gebirgs-Landschaften liegen die Quellen dreier großer Ströme, welche die drei Hauptströme von Ost-Asien sind, der Amur im N., der Hoang-ho und der Yang-tse-kiang im S. (35° N. Br. vergl. §. 8.), jener erste von den beiden letzten durch die große Wüste Schamo (Gobi) geschieden. Alle drei Ströme fließen von Westen gegen Osten und münden in den großen Ostocean (Australmeer); alle drei strömen aus dem ostasiatischen Hoch- und Gebirgslande, durchbrechen dasselbe und fallen durch Stufenländer in Flach- und Küstenländer; ihr Lauf und Fall bezeichnet daher im Allgemeinen den Abfall oder Abhang Ostasiens zum Meere.

Anmerkung. Die ersten neuern Kenntnisse von Ostasien, insonderheit von Tibet, China u. s. w, verdanken wir dem berühmten Reisenden des Mittelalters Marco Polo, einem Venetianer; die spätern den Jesuiten, die neuesten den Engländern und Russen. Die Alten nannten das unbekannte Land der Seidenraupe und Seidenzucht — Serica.

Die größern und wichtigern von den vorgenannten drei Strömen sind die beiden Riesenströme der Hoang-ho und der Yang-tse-kiang; denn ihre Ufer und Gebiete sind eben so fruchtbar, als bebaut und außerordentlich bevölkert. Beide entspringen in der Nachbarschaft auf Einer hohen Gebirgsfläche (im Hochlande Tibet) zwischen den Seen Koko und Terkiri; beide fließen einander parallel (gleichlaufend) und nähern sich bei der Mündung, wo sie künstlich durch einen Kanal (der Kaiserkanal) verbunden sind; beide nähren sich mit dem Wasser des Schnee- und Alpengebirges im W., beide endlich befruchten und beleben das Land, durch welches sie sich ergießen (auf einer Länge von 5 — 600 Meilen mit allen Krümmungen). — Das große und volkreiche Land selber aber, welches sich zwischen ihnen in Mitten und zu beiden Seiten derselben ausbreitet, heißt Sina oder China oder das chinesische Tiefland, ein von den Alten nur geahnetes Land (das Land der Serer — der Seidenraupe) das Vaterland des Theebaues (und der Apfelsinen).

§. 25.

Das chinesische Flach- oder Tiefland ist jedoch nur ein Theil des eigentlichen Chinas, und zwar derjenige, welcher sich von da an ausbreitet, wo der Hoang-ho und Yang-tse-kiang (der gelbe und blaue Fluß) ihren untern Lauf beginnen oder in die Ebene, in das Flachland eintreten. Aus diesem Flachland erheben sich gegen Westen hin die Gebirge, welche die Grenze zwischen dem hohen innern Asien (östliches Hochasien oder Ost-Plateau vergl. §. 5.) und der großen Niederung (chinesischen) im O. machen, und welche zugleich die chinesischen

Stufen- und Hochländer oder im Allgemeinen das den Himalaya an Höhe wahrscheinlich erreichende chinesische Alpenland bilden, das Quellland der Gewässer und Ströme. Demnach besteht das eigentliche China aus drei verschiedenen Arten von Landschaften (hoch-terrassenartigen und tiefgelegenen Gebieten) und erstreckt sich in dieser Ausdehnung von dem Meer im O. bis zum hohen Mittelasien im W. — gegen N. bis zur Mongolei und der großen Schutzmauer; gegen S. bis Hinter-Indien — (60 — 70000 Quadr. Meilen groß mit 140 — 150 Mill. Einw.)

Anmerkung. Von dem eigentlichen China ist das chinesische Reich, d. h. der Inbegriff aller von dem Kaiser von China mehr oder weniger abhängigen Länder und Staaten (Nebenländer, Schutz- und Tributär-Staaten) wohl zu unterscheiden; so gehört z. B. zu den unterworfenen Ländern die Mongolei; zu den Schutzstaaten — Tibet. Die Gesammtgröße des chinesischen (himmlischen Reiches, wie es von den Chinesen genannt wird) beträgt ungefähr 250000 Quadr. M. mit 2 — 300 Mill. Bew. Das russische Reich dagegen über 370000 Quadr. Meilen, jedoch nur mit 60 — 70 Mill. Einwohnern.

§. 26.

Das chinesische Flachland ist der fruchtbarste und angebauteste oder der eigentliche Haupttheil von China, der Sitz des Ackerbaues, des Kunstfleißes und Handels. In demselben liegen daher auch die drei Hauptstädte des Landes, jede mit Millionen von Einwohnern, Nanking, Peking, Canton.

1) Nanking — am untern Yang-tse-kiang, einige Meilen vor der Mündung desselben, also auf dem mittlern Küstenstrich des Landes, mit beinahe 1 Mill. Einw.

2) Peking auf dem nördlichen Küstenstrich, in der Nähe der großen Mauer, die Residenz des Kaisers (eines mongolischen Fürsten aus dem Stamm der Mandschu), mit mehr als 1 Mill. Einw.

3) Canton — auf dem südlichen Küstenstrich — die einzige Stadt (mit eben so vielen Einwohnern, als Peking), wohin Europäer kommen und Handel treiben dürfen; denn die Chinesen fürchten die Europäer und die übrige Welt und sondern und schließen sich von derselben ab, d. h. der Kaiser und seine Stadthalter und Beamten (Mandarinen) fürchten, daß das Christenthum und europäische Sitte und Staatsverfassung in das Land gebracht und das Volk zum Aufruhr und zur Empörung verleitet werde. Und doch nennen die Chinesen ihr Reich das himmlische Reich und ihren Kaiser einen Sohn des Himmels und Beherrscher der Welt, ja, sie entblöden sich

nicht, die Europäer und selbst die Engländer mit dem Namen Barbaren in öffentlichen Verhandlungen und Schriften zu bezeichnen. — Außer diesen drei Hauptstädten zählt China über 1500 Städte, so wie auf einem Raum von 60 — 70000 Quadr. Meilen 140 Mill. Menschen (worunter 2 Mill. auf dem Wasser leben) und hat demnach die stärkste Bevölkerung von Asien (auf 1 Quadr. Meile 2000 Bewohner).

Anmerkung. Ungeachtet der großen künstlichen Grenzfestung (der Mauer), eroberten die Mongolen unter Dshingischan und seinem Nachfolger im 13ten Jahrhundert China, und die Tataren im 17ten Jahrhundert, ein Beweis der politischen Schwäche und Ohnmacht des Reiches.

§. 27.

Der dritte große Strom von Ost-Asien ist der nördlich und in weitem Abstande vom Hoang-ho fließende Amur. Derselbe entspringt zwar auch auf einem Alpengebirge, aber auf einem nördlichen oder nordasiatischen, Da-urien genannt (zwischen 50° — 55° N. Br.), welches weit getrennt liegt durch die mongolische Steppe oder Wüste von den chinesischen Hochgebirgen, welchen der Hoang-ho und Yang-tse-kiang entquellen. Von hier fließt der Strom über die russische Bergwerksstadt Nertschinsk, in mächtigen Windungen, zwischen gebirgigen und waldigen, thier- und weidereichen, größtentheils unbekannten (und unbebauten) Landschaften, in gleicher Richtung mit den Strömen Chinas, von W. gegen O., und mündet ebenfalls in das Austral-Meer, einem großen Eiland gegenüber (Saghalin oder Tschoka). Alles Land nun, welches zu beiden Seiten des Stromes sich ausbreitet, südlich bis gegen die große Mauer hin und nördlich bis zu den Gebirgen, welche die Fortsetzung der daurischen und hier in N.O. die sibirische Grenze bilden, heißt nach dem Namen des Stromes Amur-Land oder nach einem Hauptstamm der mongolischen Bewohner desselben das Land der Mandschuren (Tungusen) (die Mandschurei, Tungusien): ein von China völlig verschiedenes Land; denn es liegt höher, als das chinesische Flachland, ist rings von Gebirgen, selbst längs der Küste, umgeben, in der Mitte eine weite Hochfläche (mit Thalsenkung) und läuft südlich in eine hohe gebirgige Halbinsel aus, Korea.

Das Amur-Land nebst Korea ist demnach der nördliche, so wie das Hoang-ho- und Yang-tse-kiang-Land oder China der südliche Theil von Ost-Asien. Um die Zeit des Westphälischen Friedens (1650) in Deutschland eroberte ein tapferes Bergvolk des Amurlandes, die Mantschu, China (eben wie die Perser Medien) und behaupten es seitdem. Daher ist das

Amurland ein Neben= oder tributäres Land des chinesischen Kaiserstaates (wie zum Theil auch Korea), übrigens aber ein noch unentwildertes Nomaden=Land ohne Ackerbau, Gewerbe, Städte (Mukden). — Die Bewohner — beider Länder — sind theils Mongolen (Mantschu, Tungusen), theils Chinesen, oder gemischter Race. Vorherrschend ist die lamaische Religion oder die religiöse Verehrung des Lama, eines Oberpriesters, welchem die Gottheit inwohne (eine Art von Buddha=Dienst, wie in Tibet) oder die Fo=Religion.

Anmerkung. Merkwürdige Verschiedenheit zwischen den Bewohnern des Amur= und Hoangho=Landes; letztere, die Chinesen, verhalten sich zu jenen, wie etwa die Perser und Tibetaner zu den rohen und wilden Nomaden=Horden und kriegerischen Berg= und Steppenvölkern; jeden Falls waren und sind die Chinesen ein uraltes, sich absonderndes Cultur=Volk, und zwar ein Ackerbau=Volk, wie die alten Aegypter, ausgezeichnet durch Erfindungsgeist und mechanischen Kunstsinn, jedoch ohne Talent, die gemachten Entdeckungen und Erfindungen zu vervollkommnen, oder Erkenntnisse und Wahrheiten zu Wissenschaften zu erheben. Daher bei allem Reichthum des Landes und ungeachtet der Blüthe des Ackerbaus (Reißbau) und der Sittenlehre des Confucius (500 v. Chr.) — roher Volksglaube, Despotismus des Kaisers und seiner Beamten (der Bambus=Stock), einsilbige, ungegliederte Sprache und eine Art Bilder= und Zeichenschrift.

§. 28.

Oestlich vom Amur=Lande und Korea und von denselben durch einen Theil des Austral=Oceans (japanisches Meer) geschieden liegt der ostasiatische Archipel oder eine Inselreihe, welche erst durch Marco Polo im 13ten Jahrhundert in Europa bekannt wurde. Dies ist die japanische oder das Kaiserthum Japan, bestehend aus 4 hohen und gebirgigen Hauptinseln (zusammen etwa so groß, als das Eiland Borneo, über 10000 Quadr. Meilen), worunter die größte Niphon (5000 Quadrat=Meilen) mit den Städten Jedo und Miako (unter dem 35° N. Br.), den Residenzen zweier Kaiser, eines weltlichen und geistlichen (Papstes). Außerdem liegt auf der südlichsten Insel, Kiusiu, die Seehandelstadt Nangasaki, mit 100000 Bew. — der einzige Landungs= und Handelsplatz für Europäer (Holländer) seit der Vertreibung der Portugiesischen Missionaire (zu Anfang des 17ten Jahrhunderts). Uebrigens ist, wie N., so auch das ganze Land außerordentlich bevölkert (50 Mill.?) und eben so fleißig angebaut, als China, reich an Producten bis zur Traube und zu Südfrüchten, vielleicht eine Mitwirkung des vulkanischen Bodens.

Anmerkung. Die Japaner, wiewohl sich eben so absondernd, als die Chinesen, sind ein kräftigeres und gebildeteres Volk (Inselvolk), als diese, mit einer vielsilbigen Sprache und Schrift (neben der chinesischen Zeichenschrift) und mehrartigem Religions-Cultus (Buddha, Confucius u. s. w.).

§. 29.

Von dem Hindu- oder Indischen-Gebirge (Hindukuh), durch welches der Indus bricht und südwärts strömt, steigt nordwärts ein hohes Schneegebirge auf, der Belur (Belut). Dieses Gebirge bildet den Rand oder Grenzwall des hohen Ostasiens im Westen und trägt die Quellen zweier parallel fließender Ströme, des Syr oder Sihon im N. und des Gihon oder Amu im S. (vergl. §. 5 und 8.). Der Lauf dieser Ströme, von O. gegen W., bezeichnet den allmähligen Abfall (Abhang) des Gebirges in eine große, terrassenförmig geneigte, weite und tiefe Ebene. Die tiefsten Stellen oder Senkungen dieser Ebene sind zwei Wasserbecken oder Binnenseen, der Aral-See und der Caspische See (Vergl. §. 18.), 8000—10000 Quadr. Meil. gr., also über die Hälfte größer, als sämmtliche canadische Seen in N. A.

Alles Land nun, welches von den Quellen bis zur Mündung des Sihon und Gihon in den Aralsee und weiter hin bis zu dem caspischen See sich ausbreitet, wird mit einem allgemeinen Namen das Land der Tataren und Türken oder die Tatarei und Turkestan genannt. Dasselbe ist jedoch von Natur sehr verschieden, im O. ein reizendes Gebirgsland, im W. ein einförmiges Steppen- oder wüstes Sandland, abwechselnd mit fruchtbaren und oasenartigen Flächen. Nördlich geht dasselbe namentlich in die Kirgisen-Steppe über, und die Haupttheile dieser sogenannten freien Tatarei (großen Bucharei) sind mehrere Nomaden-Gebiete (Staaten) oder sogenannte Chanate ohne geschlossene Grenzen. So z. B.

a) der Staat von Buchara oder der Usbeken, daher auch Usbekistan, im Gebiet des Amu-Stromes, das berühmte, ehemals so fruchtbare und reizende Sogdiana, mit den Städten Buchara und Samarkand (über 50000 Einwohner), im Thal des Sogd (diese — der glänzende Herrschersitz Timurs, † 1404).

b) Der Staat von Khiwa am untern Amu, gegen den Aral-See hin, in einer Oase mit der Hauptstadt gleichen Namens gelegen (wie Siwah in Africa).

c) Der Staat von Taschkent, im Gebiet des Syr oder Sihon (also in N. und O. der vorigen Chanate), im eigentlichen Turkestan (wo auch die Stadt gleiches Namens).

Anmerkung. Die sogenannte große und freie Tartarei (wovon die Bucharei, die große, so wie Turkestan nur Theile sind) breitet sich über einen Landstrich von mindestens 30000 Quadrat-Meilen westlich vom Belur und nördlich vom Hindukuh bis zum caspischen Meere aus und bildet im Gegensatz der hohen Tartarei, eines Theils des innern oder östlichen Hochasiens, ein Stufen- und Tiefland, die Heimath der türkischen Völker (Tatarischen Stammes). Drei große Bewegungen und Erschütterungen erlebte dieses im S. und O. so fruchtbare, als reizende Land:

a) durch Alexanders und der Seleuciden Kriegszüge,
b) durch die Eroberungen der Araber, welche seit Sec. 9 die kriegsgefangenen Türken in den Heerdienst nahmen;
c) durch die Mongolen unter Dshingischan und Timur (Sec. 13 und 14), in deren Kriegsgefolge ebenfalls Tataren und Türken erscheinen.

Gegenwärtig sind die Nomaden-Horden des Landes (Usbeken, Kirgisen, Türken) zersprengt und in machtlose Horden zerfallen. Die Bucharen bilden den kleinsten, aber civilisirtesten Theil der Bevölkerung (als Städtebewohner und Handelsleute, wie die Armenier).

§. 30.

Das Altai-Gebirge, welches das hohe innere Asien (Ostasien) im Norden umgiebt und einschließt, fällt allmählig gegen Norden ab. Vor seinen Abfällen breitet sich eine weite, flache und niedrige (zum Theil sehr kalte und unfruchtbare) Ebene bis zum Gestade des Meeres aus (des nördlichen Eismeeres). Diese, erst seit dem 16ten Jahrhundert (1580) entdeckte und von der russischen Regierung in Besitz genommene Ebene heißt die sibirische Ebene oder das sibirische Flachland (von 50 bis 78° N. Br.): das größte Flach- und Tiefland von Asien; denn es übertrifft an Umfang bei weitem das chinesische, bucharische und indische, indem es sich ostwärts bis zu dem Lande (Halbeilande) der Tschuktschen und zur Behrings-Straße, westlich bis zu dem Scheidegebirge zwischen Asien und Europa, dem Ural, ausdehnt (über 250000 Quadrat-Meilen, im weitesten Umfange mit nur 2 Mill. Einwohner, der schwächsten Bevölkerung in Asien) (Kirgisen-Steppe im S. W.).

Von drei mächtigen Strömen wird Sibirien durchzogen, die (zwischen dem 50 — 52° N. Br., an den Seiten und Abhängen des Hauptgebirges entspringend) sämmtlich von S. nach N. zum Eismeer und einander parallel fließen: in der Mitte von dem Jenisei, welcher am Altai entspringt und durch das Land der Tungusen fließt (Nebenfluß Angara); in der östlichen Hälfte von der Lena, welche an den Gebirgen nördlich vom Baikal-See entspringt (Daurisches Alpengebirge) und durch das Land der Jakuten fließt; westlich von dem Jenisei oder in der westlichen Hälfte von dem Ob oder Obi, welcher, wie der Jenisei und diesem benachbart, am Altai-Gebirge entspringt, den Irtisch mit dem Tobol von W. her aufnimmt, durch das Land der Ostiaken fließt und vor seinem Ausfluß einen langen und schmalen Busen bildet, welcher durch eine Halbinsel von dem Karischen Meere geschieden wird.

Anmerkung. Merkwürdig der unter dem 52° gelegene, an 1700 Fuß hohe, 5 — 600 Quadrat-Meilen große Alpen-See Baikal, in welchen die Selenga ein-, und die Angara ausströmt (also ein Quellsee).

An diesen Flüssen oder in der Nähe (im Gebiet) derselben liegen auch die Hauptstädte von Sibirien.

a) In Ost-Sibirien: die Bergwerksstadt Catharinenburg (am Ural), und Tobolsk, an der Mündung des Tobol in den Irtisch, die alte Hauptstadt Sibiriens, Sitz des Statthalters und Stapelplatz des Sibirischen Pelzwerks (Zobel, Hermelin), die bevölkertste Stadt Sibiriens (über 20000 Einwohner).

b) In West-Sibirien: Irkutsk und Kiachta in der Nähe des Baikal-Sees; also im Hochlande, besonders Kiachta, welches, über 2000 Fuß hoch, auf der Straße nach dem hohen Asien liegt und daher Handels- und Stapelplatz zwischen Rußland und China ist.

Außerdem Ochotsk — an dem Meere zwischen der Halbinsel Kamtschatka und dem Festlande, und auf der bergigen und vulkanischen Halbinsel Kamtschatka selber der Peterpauls-Hafen.

Anmerkung. So wie alles Land am Ural und jenseit des Altai, so war auch Sibirien den Alten völlig unbekannt (das nördlichste Scythen-Land). Gegenwärtig wird dasselbe durch Rußland (Bergbau, Handel, Colonien) europäisirt, also ganz Nordasien civilisirt, wie Südasien von den Briten. Der Hauptreichthum des Landes besteht in Metallen (Gold, Platina), Waldungen, Pelzthieren u. a. Die Bewohner sind der Mehrzahl nach Mongolischer Race und noch rohe Fischer- und Jagdvölker (Hüttenbewohner). Uebrigens gehört das hohe gebirgige Halbeiland Kamtschatka eigentlich nicht mehr zu dem Sibirischen Flachlande, sondern ist ein abgesonderter Theil des östlichen Hochasiens.

§. 31.

Da, wo die Quellen zweier Ströme liegen (vergl. §. 8.), des Euphrat und Tigris (etwa unter dem 40° N. Br.), ungefähr in der Mitte des westlichen Asiens, erhebt sich ein Hochland, das höchste in West-Asien (2000 Fuß höher, als Persien),

Armenien genannt oder die Hochebene von Erzerum, 20 und einige Meilen südlich vom schwarzen Meere entfernt. Am Rande dieser Hochebene (einer Hochsteppe) steigt der weltberühmte Berg Ararat zu 15000 Fuß empor, auf welchem sich der biblischen Ueberlieferung nach die Arche Noahs nach der Sündfluth niederließ.

Die beiden Ströme, welche dem armenischen Hochlande entquellen, der westliche, größere, der Euphrat, der östliche, kleinere, der Tigris, bezeichnen in ihrem 400 Meilen langen Laufe gegen Süden die allmählige Senkung und Abdachung des Landes, welches da, wo die beiden Flüsse sich einander nähern und endlich vereinigen (Bagdad — Bassora, unter dem 30 — 33° N. Br.), in ein Flach- und Tiefland übergeht (Verglichen die Mündungsgegend des Ganges mit dem Brahmaputra). — Dieses untere fruchtbare Flachland, von der Mündung des vereinigten Stromes (Schat al Arab) in den persischen Meerbusen über Bassora bis Bagdad hinauf, heißt jetzt das arabische Irak (ehemals Babylonien); das nördlich davon oder aufwärts gelegene Land — zwischen Euphrat und Tigris — theils fruchtbares Terassen-, theils Steppen-Land — Al Dschesirat, die Halbinsel.

Das ganze, zwischen den beiden Strömen in ihrem mittlern und untern Laufe eingeschlossene und befruchtete Land endlich wird mit dem allgemeinen Namen das Zweistromland oder Mesopotamien bezeichnet, einst und bis zur Zeit der Araber (Sec. 7) ein blühendes Cultur-Land, ja, das Mutterland der ältesten Städte und Staaten des westlichen Asiens.

Uebrigens geht das rechte Ufergebiet des Euphrat oder die Gegend auf der westlichen Seite des Stroms in eine große Wüste über, die Syrisch-Arabische, wogegen das Land auf der Ostseite des Tigris oder das linke Ufergebiet desselben sich allmählig zu den Berglandschaften erhebt, welche auf dieser Seite Persien begrenzen.

Die Hauptstädte dieses großen, weltgeschichtlich wichtigen Ländergebietes sind:

a) in Armenien (dem nördlich armenischen Hochlande) die Handelsstadt Erzerum (am obern Euphrat 7000 Fuß hoch), türkisch; die russische Festung Eriwan (am Aras-Fluß),

b) in Al Dschesira (dem mittlern Halbinsel-Lande) Diarbekir und Mosul, am Tigris (in der Nähe die Ruinen von Ninive).

c) in dem südlichen und untern Irak-Arabi (Babylonien, Chaldäa) Bagdad und Basra, jenes am Tigris (an dessen Ufern die Trümmer der Riesenstädte Ktesiphon und Seleucia), dieses am Schat al Arab (einige Meilen vom persischen Meerbusen), nördlich am Euphrat die Ruinen von Babylon.

Uebrigens bildet Mesopotamien einen Haupttheil des türkischen Asiens oder der asiatischen Türkei, ein Trümmer- und Ruinen-Land, während es nach Alexander dem Großen (unter den Seleuciden), so wie im Mittelalter (unter den Arabern — Chalifat zu Bagdad), ja bereits im hohen Alterthum vor den Persern in Blüthe und Macht stand (Babylonien, Assyrien).

§. 32.

Von Armenien und dem Ararat aus gegen Norden, in die Gegend zwischen dem schwarzen und caspischen Meere hin, erhebt sich ein mächtiges (alpenartiges) Bergland, das Land des Caucasus, Kaukasien, welches in dem Berge Elbrus **zu 15000 Fuß und höher** aufsteigt und einen Raum von 5 — 6000 Quadrat-Meilen einnimmt (wie das südeuropäische Alpen-Gebirge). Auf der südlichen Seite des Gebirges entspringt und fließt der Kur, an welchem der Handelsplatz Tiflis liegt (Nebenfluß des Kur ist der Aras, in dessen Gebiet das russische Eriwan), und fällt in das caspische Meer. Die gebirgige Landschaft um denselben heißt Georgien.

Auf der nördlichen Seite des Caucasus enspringt der durch eine niedrige Steppe dem schwarzen Meere zufließende Kuban (Hypanis) (das Umland — Gebiet der Tscherkessen).

Auf der westlichen Seite ebenfalls zum Pontus Euxinus fließt der Rion oder Phasis durch die Landschaft Mingrelien (das uralte, fabelhafte Kolchis — Jason).

Auf der östlichen oder caspischen Küste — von der Mündung des Kur nördlich bis zum Terek-Fluß Derbent und Baku, letztere Stadt — Hafen- und Handelsstadt mit heiligen Naphtaquellen — in der Landschaft Schirwan.

Am Terek und dem nördlichen Kuma-Flusse (beide in das caspische Meer mündend) eine Reihe oder Linie russischer Festungen, die bis zum schwarzen Meere gehen, z. B. Kislar, Georgiewsk u. a.; der Landstrich heißt russisch Kaukasien.

Anmerkung. Kaukasien ist von Natur und durch die Geschichte ein höchst merkwürdiges Land, eine hohe Pforte zwischen dem westlichen (südwestlichen) Asien und Europa, durch welche die nördlichen Nomaden, Scythen, Mongolen, Tataren eindrangen; die Heimath der verschiedenartigsten und tapfersten Bergvölker Asiens (Tscherkessen, Lesgier u. s. w.), das Vaterland des Weinstocks (hier noch wildwachsend), mit paradiesisch-schönen Thälern (Kur-Thal); ein uraltes Handelsland (von Indien her über das caspische Meer längs dem Kur in das schwarze Meer), jetzt und seit dem 18ten

und 19ten Jahrhundert eine Burg, gegen welche die Russen ihre siegreichen Waffen richten.

§. 33.

Das Hindu-Gebirge (Hindu-kuh), welches als der westlichste Theil des Himalaya betrachtet werden kann, wiewohl es von demselben durch den Indus-Strom gesondert wird (vergl. §. 19.), setzt sich gegen Westen und zwar dahin fort, wo die Quellen eines Nebenflusses des Indus, des Kabul, liegen; diese (niedere) Fortsetzung heißt der in der Kriegs- und Eroberungsgeschichte Alexanders berühmte Paropamisus.

Aber auch dieses Gebirge zieht westwärts und erhebt sich im Süden des caspischen Meeres zum mächtigen Alburs (Elburs), mit dem Hochgipfel Demavend (über 10000 Fuß), ja es scheint in seinem nordwestlichen Zuge (längs der S.W. Seite des caspischen Meeres) mit dem hohen Gebirgslande Armenien zusammenzuhangen. Gleichzeitig streicht vom Hindu-kuh aus ein anderes Gebirge, dem Indus gegen Süden (in mehreren Ketten, z. B. Salomonskette), und bildet, wie der Hindu-kuh im N.O., so hier im O. die Grenze zwischen Indien und einem Haupttheil des südwestlichen Asiens. Dieser so geographisch wichtige, als historisch bedeutende Continent-Theil heißt Persien (oder Iran), worunter demnach alles Land begriffen wird, welches sich von den so eben angedeuteten Gebirgszügen, dem Paropamisus, Elburs u. s. w., im Norden, den indopersischen (Soliman-, Brahoe-G.) im Osten, südlich bis zum Meere (persisch, arabisch) und westlich bis dahin erstreckt, wo ein anderes Gebirge (theilweise Zagros genannt) eben so eine natürliche Grenze gegen die Tigris- und Euphrat-Ebene macht, als das indopersische Gebirge gegen das breite, (zum Theil) wüste Indus-Thal.

Da dieses über 20000 Quadrat-Meilen ausgedehnte Land (in weiterer Ausdehnung über 50000 Quadrat-Meilen groß) auch im Süden von einem (wenn auch niedrigern und unterbrochenern) Randgebirge umgeben wird: so läßt sich schon hieraus (wie aus andern Thatsachen) schließen, daß Persien ein hochgelegenes Land oder ein Hochland, und zwar, weil im Innern ohne bedeutende Erhebungen (Gebirge — aufgesetzte —) ein sogenanntes Tafelland (von 4000 — 5000 Fuß Höhe — mittlerer —) ist. Wiewohl dasselbe im Innern zum Theil eine Wüste ist (Naubendan, Kerman), auch ohne großen Landesstrom, also ein Steppenland, so ist es doch quellreich und einer künstlichen Bewässerung und Cultur fähig, insonderheit auf den Abhängen und Seiten der Randgebirge, oder auf einzelnen Plateaux, die aus den Wüsten und Steppen sich erheben und alle Schönheiten und Reize orientalischer Landschaften tragen.

Auf solchen wald- und fruchtreichen Hochebenen liegen denn auch die meisten alten und neuen Hauptstädte des Landes, dessen Volk, nächst dem arabischen, das kraftvollste, geistreichste und schönste von Asien, von 500 v. Chr. bis 1740 n. Chr., wo Schach Nadir Indien eroberte, eine Hauptrolle in der Geschichte des Orients gespielt hat. So z. B. die Städte Kabul, Kelat, Kandahar in Ostpersien (Afghanistan), und eben so im westlichen oder dem eigentlichen Persien (der alten Persis und Media) die Städte Schiras — Persepolis — Ispahan, Teheran, jenes in der reizenden Berglandschaft Farsistan (Persis, dem Stammland der alten Perser); dieses in der Provinz Irak, dem Hauptheile des alten Mediens, wo auch Hamadan (das alte Ekbatana) liegt; so wie südlich davon gegen das persische Meer das alterthümliche Susa (Schuster).

Anmerkung 1. Die Cultur Persiens (des Volkes) ging von dem Lande jenseit des Paropamisus, von Baktrien (Zoroaster), der Verfall des Perserreiches von den Griechen (Macedoniern), die Wiederherstellung von den Parthern und Arabern aus, bis Türken und Mongolen in das Reich einbrachen (sec. XIII und XIV).

Anmerkung 2. Afghanistan und Belludschistan, d. h. Länder der Afghanen und Belludschen (mit den Städten Kabul, Kandahar, Kelat) sind neu entstandene Nomaden-Länder (mohamedanische Religion).

Anmerkung 3. Wie Persien auf drei Seiten von Gebirgen umgeben ist, so fällt es auch dort in Tiefländer ab, z. B. westlich in die Ebene des Tigris und Euphrat, östlich in die Ebene des Indus, nördlich in die Steppen des Gihon (tatarisches Tiefland, Turan). Im N.O. dagegen hängt es durch den Hindukuh mit dem östlichen Hochasien zusammen, und am Kabul-Strom und obern Indus liegt der Paß oder Eingang in dasselbe (die Königsstraße).

§. 34.

Aus der Wüste zwischen dem Euphrat, dem Jordan und todten Meere (der syrisch-arabischen) erhebt sich das Land gegen Süden zu einem felsigen, wald- und baumlosen Hochlande, Nadsched genannt, welches südwärts in eine unbekannte Wüste übergeht; diese Wüste heißt die arabische, so wie alles übrige bis zum arabischen und persischen Meerbusen hin sich ausbreitende Land Arabien oder die Halbinsel Arabien (ungefähe 50000 Quadrat-Meilen groß, wie Persien): eine wahrscheinlich noch höher gelegene Landschaft, als das benachbarte Persien, und wie dieses ohne einen großen

Landesstrom, nur von Flüssen und Bächen bewässert; daher auch nur stellen- und strichweise fruchtbar und angebaut, in der Mitte nämlich, auf den Oasen und im W. und S. auf den Abhängen des Hochlandes und an den Küsten. Ein solcher Küstenstrich zieht sich im S.W. der Halbinsel von dem persisch-arabischen Meere bis zum arabischen Meerbusen und führt den Namen Jemen (Arabia felix). Dasselbe ist der Haupttheil des sogenannten glücklichen Arabiens und eigentlich eine von einem queer vorliegenden Gebirge her abfallende Landschaft, also ein Stufen- oder Terrassen-Land, auf dessen flacher Küste die Stadt Mokka am arabischen Meerbusen liegt, deren Seehafen ein Haupthandelsplatz auch für die europäischen Seefahrer ist (Mokka-Kaffee). — Nördlich von Jemen auf dem Küstenstrich längs dem arabischen Meerbusen (Hedschas) liegen die in der Geschichte der Araber (nächst Bagdad am Tigris) berühmtesten Städte Mekka und Medinah; jene unter dem 21° N. Br., Mohammeds Geburtsstadt, daher Wallfahrtsort und Handelsplatz (zwischen Syrien, Aegypten, Indien) mit 20 — 30000 Einwohnern; diese 60 Meilen nördlicher, am Rande der Wüste, Mohammeds Flucht- und Rettungsstadt (622) mit seinem und der ersten Kalifen Gräbern, daher ebenfalls Wallfahrtsort. Von Medinah, der Propheten-Stadt, ostwärts — auf dem innern Hochland Nadsched — liegt Derreyeh (unter gleicher Breite mit M.), Hauptstadt der Wechabiten, einer Religions-Secte, deren Stifter Wahab (vor 60 Jahren) den Islam etwa eben so zu reinigen und zu verbessern bezweckte, wie Luther den römisch-katholischen Cultus.

Anmerkung. Wiewohl Arabien zur Hälfte eine Wüste ist: so ist es doch reich an einheimischen und wichtigen Handelsproducten (Pferde, Kaffee, Weihrauch, Balsam u. a.), und wiewohl seine Bewohner ursprünglich rohe Wüstenbewohner waren (Semiten — Beduinen — in Stämmen unter Scherifs, Schechs, Emirs): so sind sie doch seit und durch Mohammed als Sarazenen (Morgenländer) ein welthistorisches Volk, die Eroberer von $\frac{1}{2}$ Asiens, $\frac{1}{3}$ Africas und West-Europas bis zu den Pyrenäen und Apenninen geworden: bis die Chalifen und Chalifate seit dem Jahre 1000 den Türken und später den Mongolen (vorübergehend) unterlagen. Dennoch sind arabische Sprache, Religion, Sitte, Gesetze, Sprüche und Lieder in zwei Continenten (in West-Asien und Nord-Africa) herrschend geblieben. Auch zeichnet sich noch jetzt der Araber (wie der Perser) vor allen Asiaten durch körperliche und geistige Vorzüge aus. — Uebrigens sind das Pferd und das Kameel (Dromedar), wie die Palme, der Kokosbaum, die Durra, der Balsam, Kaffee u. s. w. diejenigen Producte und Gegenstände, welche zu den unentbehrlichen Bedürfnissen des Arabers gehören (des nomadisirenden).

§. 35.

Von dem Gebirge, welches die Gewässer des Euphrat und Halys scheidet (Taurus), zieht sich ein Zweig südlich längs dem mittelländischen bis zum arabischen Meere hin, das ganze Küstenland bis zur Wüste im O. bedeckend und gestaltend. Das Küstenland selber heißt Syrien (Soristan), die höchste Erhebung desselben in der Mitte der Libanon (über 10000 Fuß hoch), im Süden oder an der Spitze des arabischen Meerbusens (Suez — Akaba) der Sinai (an 8000 Fuß hoch), Moses-Berg, — beide in der biblischen Geschichte berühmt.

Derjenige (fruchtbarere) Theil des syrischen Küstenstriches, welcher südlich vom Libanon oder zu beiden Seiten des am Fuß desselben entspringenden Jordan-Flusses liegt, war das gelobte Land der Juden (Palästina, das Land Israel, Judäa — jetzt ein Theil der asiatischen Türkei).

Derjenige (von Natur unfruchtbare) Theil des Küstenstrichs, welcher steil und schmal von dem Libanon bis zum Meer sich erstreckt, war das ehemalige Phönizien oder das Land von Sidon und Tyrus. — Alles übrige Land endlich, nord- und ostwärts bis gegen den Euphrat hin gelegen und zum Theil von dem Fluß Orontes (Asi) bewässert, eine hohe Ebene, begreift das ehemalige Syrien im engern Sinne.

Die jetzigen Hauptstädte des syrischen Landes — in der Begrenzung des mittl. M. im W., des Euphrat im O., des Taurus (Amanus) und Arabiens im S., sind: Haleb im N. (Aleppo) (36° N. Br.), Damascus im O., Jerusalem im S. des Libanon, sämmtlich, besonders letztere, im Verfall, da auch Syrien, wie Kl. A. und das Land zwischen Euphrat und Tigris unter türkischer Botmäßigkeit, d. h. unter dem Despotismus und Druck einer kriegerischen Nomaden-Horde stehen. Auf der Küste, nördlich vom Berge (Vorgeb.) Karmel, liegt die historisch so berühmte Fest- und Hafenstadt Acre (Akka — Ptolemais).

Anmerkung. Das nur 500 — 600 Q. M. gr. Palästina (eine der schönsten und gesegnetsten Berg- und Thallandschaften) zählte um das Jahr 1000 v. Chr. unter der Regierung Davids an 5 Mill. Einwohner; — Jerusalem am Bache Kidron auf einem wüsten Plateau — sonst 120000 Einwohner — jetzt ungefähr 30000 Einwohner. — Phönizien — kaum 100 Quadrat-Meilen groß — zählte zehn blühende Handelsstädte in der Periode von 1000 — 600 v. Chr. — Auch die Flora Syriens ist verödet — der Oelberg soll nur noch 10, der Libanon nur 20 und einige uralte Zedern tragen!

§. 36.

Von dem Quelllande des Doppelstromes Euphrat und Tigris oder von dem hohen Armenien (dem armenischen Hochlande aus) zieht sich ein mächtiges Gebirge gegen Westen und füllt die klein-asiatische Halbinsel aus, indem es dieselbe auf den Seiten oder Küsten wie mit einem Gürtel umfaßt, im Innern aber in hohe Ebenen oder Plateaux übergeht (Cappadocien). Dieses Gebirge heißt der Taurus (d. h. Gebirge, wie Arat die Höhe), und die von demselben bedeckte Halbinsel die Halbinsel des Taurus (Taurus-Halbinsel), bei den Römern Asia minor, gegenwärtig auch Anatolien, die Levante (das Morgenland) genannt. Es ist dieselbe, wie der westlichste Theil von Asien überhaupt, so auch das westlichste Stück oder Glied des asiatischen Hochlandes (wie Korea das östlichste), indem es sich nicht bloß im Ganzen oder in Masse zu ungefähr 4 — 5000 Fuß erhebt, sondern auch einzelne Erhebungen (Berge) von 8 — 10000 Fuß aufzuweisen hat (der Argäus am Kisil Irmak).

Die höchsten Höhen liegen auf der südlichen Seite der Peninsel am mittländischen Meere, den Inseln Cypern und Rhodus gegenüber, weshalb auch die hier liegenden Landschaften (wie z. B. Cilicien) Gebirgslandschaften sind. Innerhalb derselben, an dem Rande des Gebirges, entspringt auch der Hauptfluß der Halbinsel, der Halys (Kisil-Irmak), welcher von S. nach N. über die innern Hochflächen in das schwarze Meer fließt und zur Zeit der Perserherrschaft und vor derselben (vor 500) eine merkwürdige Grenzscheide der Völker und Staaten bildete (Grenze des lydischen und persischen Reiches — Crösus —). Minder hoch ist das Randgebirge im N. am schwarzen Meere, wiewohl auch hier in einzelne Berglandschaften ausgehend, die, wie die südlichen, eben so schön, als fruchtbar und ergiebig an allen Producten des Pflanzenreichs sind. Gegen Westen, zum ägäischen (und Archipel-) Meere hin, fällt das innere Hochland ebenfalls in mehreren Randgebirgen ab, welches sich in mehreren Armen bis zur Küste zieht und das Gebiet derselben, das Littorale (das ehemalige, mit allen Reizen der Natur und Kunst geschmückte Jonien), einschließt. Dort, im N.W. gegen den Hellespont hin, erhebt sich der Ida, welcher die Ebene von Troja beherrschte und von dem Dichter Homer (wie der thessalische Olymp) als Sitz der Götter (insonderheit des Jupiter) gepriesen wird. Da die Phryger und Lyder einst herrschende Völker auf der Halbinsel waren: so kann dieselbe auch die phrygische oder lydische genannt werden, wie sie jetzt die osmanische oder türkische heißt;

denn die Türken haben dieselbe vor 3½ Jahrhunderten von den griechischen Kaisern erobert (1453 Mohamed II.), aber auch seitdem durch ihre rohe Gewaltherrschaft so verwüstet, daß nur noch Trümmer der alten Macht und Herrlichkeit übrig sind, wiewohl bereits die Römer durch ihre Statthalter Klein-Asien geplündert und verheert hatten (seit dem 2. Sec. v. Chr.).

Die einzige noch jetzt blühende Stadt des Landes ist Smyrna auf der Westküste, die Haupt-Handelsstadt der sogenannten Levante (Morgenlandes), mit mehr als 100000 Einwohner. Dagegen zählte im griechischen Zeitalter (von 1000 — 200 a. Chr.) Klein-Asien mehr freie Staaten, als es jetzt Städte hat, wie es denn überhaupt reicher und blühender war, als das eigentliche Griechenland.

Anmerkung 1. Griechen und Römer hielten das Taurus-Gebirge für ein das ganze West- und Süd-Asien durchziehendes Kettengebirge; daher theilten sie auch Asien ein in ein diesseit (innerhalb) und jenseit des Taurus gelegenes, entsprechend unserm West- und Ost-Asien.

Anmerkung 2. Klein-Asien war der Weg, auf welchem die schönen und kräftigen Völkerstämme Armeniens und Kaukasiens allmählig gegen Westen — nach Griechenland und Europa — vorrückten (eine Art von Völkerbrücke) — die kaukasische Völker-Race.

Die Continente oder die fünf Erdtheile,

an und für sich und nach ihrer eigenthümlichen physischen und historischen Gestaltung und Bildung betrachtet.

Der Africanische Continent.

(§. 37 — 51.)

§. 37.

Africa oder Libya (das Land der Sonnenhitze) heißt derjenige Theil der Erdoberfläche, oder der Erdtheil, welcher im Süden von Europa und im Westen (S. W.) von Asien, also im Südwesten der Ostfeste zwischen zwei Hauptmeeren (dem indischen und atlantischen) und zu beiden Seiten des Aequators (der Linie) ausgebreitet liegt. Ursprünglich hing dieser Erdtheil mit den übrigen Theilen des östlichen Continents ganz zusammen, bis er durch den Einbruch des atlantischen Meeres von W. her und des indischen von S. her, dort von Europa, hier von Asien getrennt wurde: wiewohl diese Trennung eigentlich eine Verbindung ward, denn das Mittelmeer, als ein Binnenmeer, verbindet mehr, als daß es trennt, so daß, wenn dort ein Binnenland läge, zumahl eine Sahara (Sandwüste), Africa zu allen Zeiten weit mehr, als jetzt, von Europa und Asien abgesondert und geschieden gewesen wäre.

Indessen hat die Natur Africa nicht völlig durch den Ocean geschieden und vollkommen zu einer Insel gemacht, sondern in N.O. ein Glied oder Gelenk stehen lassen, durch welches es mit dem übrigen Körper der Ostfeste verbunden wird; dies ist die schmale und sandige, zwischen dem arabischen und mittländischen Meer gelegene Landenge von Suez (unter dem 30° N. Br.), mittelst welcher jetzt Africa und Asien zusammenhangen, so daß von dem einen zum andern ein Uebergang oder eine Passage zu Lande statt findet, wiewohl dieselbe wegen ihrer wüstenartigen Natur und Beschaffenheit weder eine gangbare Militär- noch Handelsstraße ist. Dagegen ist die schmale Meeresenge, welche die Natur im N.W. offen gelassen, zwischen Africa und Europa (die Straße von Gibraltar und Cadix) zu allen Zeiten eine Straße und Pforte für Verkehr und Handel gewesen. — In Ansehung der übrigen Lage, Stellung, Ausdehnung und Begrenzung erstreckt sich Africa zu beiden Seiten des Aequators oder süd- und nordwärts von demselben, dort wie hier, ungefähr 500 Meilen (geographische) weit, also in die südliche und nördliche Erdhalbkugel hinein, und hat die ungefähre Gestalt eines Dreiecks, das mit seiner Spitze gegen den Südpol gerichtet ist, mit der Grundlinie aber auf dem südlichen Gestade des Mittelmeeres steht. Demnach würde die Länge des Erdtheils etwa 1000 g. M. betragen und durch eine im Gedanken gezogene Linie bezeichnet werden, welche im S. vom indischen Ocean aus (im S.O. des Caps der guten Hoffnung), von dem Nadel-Vorgebirge (35° S. Br.) anfängt und am Mittelmeer in der Gegend der Bai von Tunis, wo das alte Carthago gestanden, bei dem weißen Vorgebirge (37° N. Br.) (Cap Blanco) endigt. Der Länge des Continents entspricht ziemlich die Breite, welche ebenfalls durch eine Linie bezeichnet werden kann, die im W. bei dem grünen Vorgebirge (15° N. Br.) (Cap Verde), den Capverdischen Inseln gegenüber, beginnt und in einer Entfernung von ungefähr 220 Meilen nördlich vom Gleicher quer durch die Mitte des Continents bis zu dem Cap Gardafui, Guardafui (d. i. Vorgesehen!) (11° N. Br.), beim Eingang in die Meerenge vor dem arabischen Golf, aufhört. Zwischen diesen Puncten und Linien dehnt sich Africa zu einer Größe von ungefähr 500 bis 600,000 Quadrat-Meilen aus und übertrifft daher Europa an Flächenraum 4 bis 5 Mahl.

Wie nun Africa als ein besonderer Theil oder ein abgesondertes Glied des Ost-Continents mit Asien auf der N.O. Seite durch den Isthmus von Suez, welcher das mittländische und arabische Meer von einander trennt, fest zusammenhängt und auf der N.W. Seite dem Erdtheil Europa sich am meisten nähert: so wird dasselbe auf allen übrigen Seiten und Puncten vom Meere bespült und umgeben, und zwar im O. und S. von dem indischen, im W. von dem atlantischen (äthiopischen), im N. von dem mittelländischen.

Daß der indische und atlantische Ocean an der Südspitze — und letzterer mit dem Mittelmeer durch die Gibraltar-Straße — zusammenfließen, ist bereits oben bemerkt worden.

Anmerkung. Die Alten kannten, außer Aegypten (welches jedoch für einen Theil von Asien galt), nur das nördliche Küstenland (Atlas-Land) von Africa, ungeachtet der phönizischen Umschiffung (um 600 v. Chr.); ja, selbst die Neuern (die Portugiesen) wagten sich bis zu Anfang des 15ten Jahrhunderts nicht über das Cap Non (auf der Westküste unter dem 30° N. Br.) hinaus.

§. 38.

Die Natur, die Africa von dem übrigen Körper des östlichen Continents absonderte und als ein besonderes Glied der allgemeinen Erdfeste schuf, hat demselben auch eine eigenthümliche Gestalt und Bildung verliehen und es hoch über das umflutende Meer aufgebaut. Das Land erhebt sich nämlich von Süden oder von den Hoffnungs- und Nadel-Caps her und breitet sich gegen Norden, Osten und Westen zu einer großen und weiten Hoch- und Gebirgsfläche (Bergplatte) oder zu einem sogenannten Hochlande von 5000 bis 6000 Fuß Höhe über dem Ocean aus. Dieses Hoch- oder Tafelland, dessen Mitte uns völlig unbekannt, wahrscheinlich aber das Vaterland der Urbewohner Africas, der Neger, ist, erstreckt sich durch den südlichen Theil von Africa über den Aequator an 150 bis 200 Meilen weit hinaus, ungefähr bis dahin, wo das Kong- und Mond-Gebirge streicht, und bildet als ein zusammenhangendes Ganze, das hohe Africa oder Hochafrica.

Von dem Kong- und Mond-Gebirge aus senkt und verflacht sich das Land allmählig und wird zu einem Flach- und Tiefland. Dieses Flach- und Tiefland erstreckt sich durch den nördlichen Theil von Africa — vom atlantischen bis zum rothen Meere — bis dahin, wo aus den tiefen Flächen und Ebenen ein Gebirge aufsteigt, das Atlas-Gebirge, welches (über 10000 Fuß in einzelnen Gipfeln hoch) die nördliche Küste Africas, von W. gegen O. streichend, größtentheils bedeckt und vor dem Einbruch des Meeres schützt. Im Gegensatz gegen das südliche Hoch-Africa wird nun das so eben in seiner allgemeinen Begrenzung bezeichnete nördliche, flache und tiefgelegene Africa mit Einem Wort Tief-

Africa genannt. Da sich durch dasselbe eine große Sandebene hinzieht, so könnte man es auch das wüste Africa nennen. Uebrigens ist auch Tief-Africa noch nicht hinlänglich erforscht, weshalb es mit Hoch-Africa zusammen das unbekannte Africa heißt (das Aethiopien der Alten).

Anmerkung. Die ältesten Nachrichten von Africa verdanken wir den Griechen (Herodot um 450 v. Chr.), die neuern den Arabern (seit sec VII.) und Portugiesen (seit 1500), die neuesten im 18ten Jahrhundert einzelnen gelehrten Reisenden (Bruce, Mungo Park, Salt, Lichtenstein u. s. w.).

§. 39.

Wie alle Hochländer, bevor sie zu Tiefländern abfallen, in der Regel in mittelhohe Landschaften oder in sogenannte Stufenländer übergehen (denn die Natur liebt auch in andern ihrer Bildungen dergleichen Uebergänge): so hat auch Africa solche Terrassenländer, die, wie gesagt, zwischen den Hoch- und Tiefebenen oder flachen Küstenstrichen in der Mitte liegen. Dieselben zeigen sich da, wo die großen Ströme anfangen stärker und schneller zu fließen, oder wo sie ihr größtes Gefälle haben; denn die beschleunigte Geschwindigkeit, mit welcher sie fließen oder der raschere Lauf derselben ist ein Beweis, daß sie von einer gewissen Höhe über Abhänge und Gesenke in Absätzen und Stufen zur Tiefe oder bis dahin fließen, wo sie sich in einem breiten Bette wieder sammeln, um langsamer ihrem Grabe — dem Meere — zuzuströmen. So liegen denn auch die Stufenländer Africas meist an dem mittlern Lauf der Ströme, die dem Hochlande entquellen.

Da nun das Hochland nach allen vier Himmelsgegenden abfällt, und zwar auf drei Seiten gegen die Küsten: so werden sich, bei genauer Ansicht, auch die hier gelegenen Stufenländer zeigen. Bevor dies aber geschehen kann, sind die großen Landesströme selber nachzuweisen, sowohl ihren Quellen und ihrem Ursprunge nach, als auch insonderheit in ihren Uebergängen und Durchbrüchen vom Hoch- zum Tieflande und durch die Gebirge, mittelst welcher jenes zu diesem allmählig abfällt. Diese — die Hauptströme des südlichen Hochlandes oder des hohen Süd-Africas — sind nun: auf der Nordseite desselben der Nil und Niger, auf der Ostseite der Zambese (oder Cuama); auf der Südseite der Oranien-Strom; auf der Westseite der Zaire oder Congo, so wie der Senegal, Gambia (Rio Grande) u. s. f. Denn theils entspringen und fließen sie auf demselben, theils brechen sie durch die Gebirgsränder und bilden und bewässern hier die Stufenlandschaften, theils strömen sie befruchtend über die sandigen Küsten in die angrenzenden Meere, und zwar der Niger, Zaire und Orange, Senegal und Gambia in das atlantische Meer; der Zambese in das indische Meer, und der Nil in das mittelländische Meer (Quellen des Niger und Nil) (östlichen Nils, unter dem 10 — 11° N. Br.).

Anmerkung. Auffallend ist bei der Länge und Breite des Continents die geringe Anzahl großer Ströme, besonders in Vergleichung zu den übrigen Continenten; ähnlich jedoch hierin dem Austral-Continente, so wie den Plateauländern Asiens — Persien und Arabien.

§. 40.

Außer den Hoch- und Stufenländern, welche zusammenhängen und sich gleichsam an einander anlehnen, hat aber, wie jeder Continent, so auch Africa noch einzelne abgesonderte Gebirgsländer, die sich, wie der oben genannte Atlas, plötzlich aus der umgebenden niedern Fläche oder Tiefebene erheben, ohne mit dem übrigen Hochlande in einem sichtbaren Zusammenhange zu stehen, übrigens aber mit ihren Spitzen und Kuppen nicht so zusammenlaufen, daß sie wieder eine hohe Fläche oder ein Plateau bilden, sondern völlig die Natur eines Gebirges haben. Und so wie es dergleichen einzelne und abgesonderte Gebirge giebt, so giebt es auch endlich noch einzelne kleine Hochländer oder Hochebenen, die ebenfalls aus einer tiefen Umgebung sanft aufsteigen und gewissermaßen zwischen den Hoch- und Gebirgsländern und den Tief-Ebenen in der Mitte stehen und von der Natur beider etwas an sich tragen. Da, wo nun die verschiedenen Arten der Länder und Landschaften dem Meere sich nähern, da beginnen die Küsten, die, wenn sie breit und fruchtbar und mit Buchten und Hafenstellen versehen sind, eine hohe Wichtigkeit haben und eine besondere Beschreibung verdienen. — Hiernach, und den Inhalt der vorigen §§ zusammengefaßt, würde Africa seinen natürlichen Formen und Verhältnissen nach in nachstehender Ordnung zu beschreiben seyn:

I. das Hochland mit seinen Stufen- und Küstenlandschaften;

II. das Tiefland mit seinen sich aus demselben erhebenden Gebirgslandschaften und Hochebenen;

III. das Inselland (als ein Theil des Küstenlandes).

Hiernach würde folgende besondere Eintheilung oder Gliederung entstehen oder mit der Haupteintheilung zu verbinden seyn:

a) Ein großes Tiefland, ungefähr zwischen dem 10 bis 30° N. Br. gelegen, scheidet das hohe südliche und hohe nördliche Africa; dasselbe heißt Sudan und Sahara (das Land des Niger und der Wüste).

b) Das südliche (südwärts vom Aequator größtentheils gelegene) Hochland heißt das innere Hochafrica oder Aethiopien (das äthiopische Hochland).

c) Das nördlich von Nigritien und der Sahara gelegene Gebirgs- und Küstenland heißt das Hochland des Atlas (die hohe Berberei).

d) Das hohe südliche Africa ist am bekanntesten da, wo es in N.W., N.O. und S. am weitesten hervortritt und die Quellen großer Ströme trägt; es heißt im N.W. (dem Quelllande des Niger, Senegal und Gambia, zwischen 10 — 11° N. Br.), das Hochland Cong (Hochland Sudan oder Senegambien), im N.O., wo ein Stammfluß des Nil entspringt (11° N. Br.), das Hochland Abessynien, im S. (dem Quelllande des Orange-Flusses) das Capland. — Alle übrigen Länder Africas sind Stufen- und Küstenländer. — Der Haupt- und Grundeintheilung des Continents entsprechen die Bewohner desselben, welche ebenfalls in zwei der Abstammung, Form und Bildung nach verschiedene Gattungen (Racen) zerfallen, in Neger, schwarz-, und Berbern, weißfarbige, von welchen jene, als die eigentlichen Urbewohner, das südliche Hoch- und Tiefland, so wie die Ränder und Küsten desselben (wenige Puncte ausgenommen), diese, die Berbern (Kabylen), als spätere Einwanderer und Ansiedler von Asien aus (Phönizier, Carthager — Nachkommen?), die nördlichen Hoch- und Stufenländer (Berberei, Aegypten, Habesinien u. s. w.) bewohnen. Hierzu kamen kurz vor Christi Geburt die Griechen und Römer (auf der N. Küste bis Aegypten), und nach Christi Geburt, seit Mohammeds und der Chalifen Eroberungen, die Araber (Mauren), durch das nördliche Africa (im S. des Atlas) zerstreut als Beduinen, und ihre nächsten Besieger, die Türken, z. B. in Aegypten seit Sec. XVI. In demselben Jahrhunderte siedelten sich Europäer, zuerst die Portugiesen, an, im Kampfe mit den Mauren; seitdem fast alle schifffahrenden und welthandelnden Nationen Europas — insonderheit auf den Küsten (Neger- und Sclaven-Handel).

Die Gesammtzahl der Einwohner Africas mag auf 200 — 300 Millionen steigen, worunter auf die weiße Bevölkerung nur etwa 30 Millionen kommen. Vorherrschend unter den Negervölkern ist der rohe Götzendienst (Fetischdienst); der Islam zählt über 50 Mill. Bekenner; das Christenthum nur 4 — 5 Mill. Verehrer.

§. 41.

Wie der Mensch (das Urvolk der Urbewohner Africas) unter dem Einfluß des lothrechten Strahles der Sonne und anderer Umstände ein eigenthümliches Gepräge erhalten hat: so haben Klima (tropisches) und Boden auch auf die übrige organische Schöpfung dieses Erdtheils bedeutend eingewirkt und demselben einen besonderen Charakter aufgedrückt. Thiere und Pflanzen Africas haben nämlich entweder etwas Großartiges und Colossales, oder sonst etwas Auffallendes, Seltsames, Entschiedenes in ihrem Wesen, ihren Eigenschaften und Merkmahlen, daß auch in dieser Beziehung die Alten mit Recht sagten: Africa sey das Land des Wunderbaren!

So ist Africa — wie der Schauplatz des majestätischen Nils und Nigers und ihrer Ueberschwemmungen, der größten und furchtbarsten Wüste und Einöde, der mächtigsten Steinbauten (Pyramiden, Obelisken, Tempel, Katakomben) der höchsten Dürre und reichsten Fruchtbarkeit: — so auch das Mutterland der enormsten Gebilde und Gestalten aus der Thier- und Pflanzenwelt. Denn hier waren oder sind einheimisch und für die Oeconomie und den Verkehr der Menschen und Völker des weiten Binnenlandes eben so nothwendig, als nützlich, z. B. das Kameel) das Schiff in dem Sandocean der Wüste), der Elephant (die Zahn- und Elfenbein-Küste), das Krokodil, Nashorn, Flußpferd, der Löwe, Panther, Tiger, die Hyäne, der Leopard, die Giraffe, Gazelle, Antilope, die Riesenschlange, der Strauß — Heere und Züge von Affen, Heuschrecken, Termiten; — hier ferner: die mächtigen Brot- und Butterbäume (Baobab), Aloe-Gewächse, die Kokos- und Dattel-Palmen, Bananen, Pisangs, viele officinelle und Gewürzpflanzen (Cassia, der Pfeffer — Körnerküste — englisch Gewürze) Gummi, Nutz- und Bauhölzer (Ebenholz) herrliche Hochwaldungen (z. B. am Atlas, überhaupt an den Stufenländern). Endlich ist Africa die Heimath des von den Europäern mit aller Begierde der Leidenschaft und ihrer Ausschweifungen und Verbrechen gesuchten Goldstaubes — der Schauplatz des Sklavenhandels (jetzt noch als Schmuggelhandel getrieben) — des erstickenden Samums (Giftwindes).

§. 42.

Das hohe südliche Africa breitet sich zwischen den Quellen und dem obern Lauf des Nil, Niger, Zambese, Zaire und Orange-Stroms aus über einen Flächenraum von mehr als 300000 Quadrat-Meilen und in einer Höhe von

4000 — 6000 Fuß (ungefähr wie das persische Hochland in Asien). Es ist, wie bereits erinnert, noch unerforscht und unbekannt (unbekannter, als das hohe Asien), jedoch wahrscheinlich, daß es eine hohe und weite, mehr einförmige, als abwechselnde Gebirgsfläche ist, die, wie alle Hochebenen der Art (Hochplateaux), weder Waldungen, noch Ströme, dagegen Quellen und Grasflächen (abwechselnd mit Sandebenen) enthält, also zur Vieh- und Heerdenzucht oder zum Hirtenleben geeignet ist, wie in Asien die hohe Tartarei und Mongolei. Auch ist dieses Hochafrica, dieser breite und hohe Rücken des Continents, bewohnt und nach Verhältniß der Größe bevölkert — und zwar — wie ebenfalls schon bemerkt worden — mit Negern (Aethiopen), als den wahrscheinlichen Ureinwohnern Africas — in zahlreichen Stämmen und rohen Staaten mit orientalischer, d. h. despotischer Verfassung.

Das so eben im Allgemeinen bezeichnete Hochland senkt sich nun oder dacht sich gegen das Meer hin ab; dies geschieht jedoch nicht jäh und steil und plötzlich, sondern allmählig in mächtigen Absätzen und Stufen, die, von der Küste oder Tiefe aus betrachtet, als hohe Bergzüge erscheinen, weil sie einzeln und außer dem Zusammenhange mit der übrigen Masse und Platte des Hochlandes gesehen werden. — Diese Senkungen und Abfälle sind bekannter, als das Hochland selber, auch bewohnter, wie es scheint, und bevölkerter, weil sie von den Hauptströmen desselben durchbrochen und von vielen Nebenströmen (Berggewässern) befruchtet werden; auch liegen an und auf ihnen die oben bezeichneten Stufen- oder Terrassen-Landschaften, welche wieder zum Theil in sehr fruchtbare Küstenstriche übergehen. Daher verdienen sie einer besondern Betrachtung und Beschreibung.

Anmerkung. Ein Beweis von der Bevölkerung des Hochlandes dürfte die unerschöpfliche Flut der Gallas-Völker und der Umstand seyn, daß selbst der seit 2½ Jahrhundert getriebene Sklavenhandel, welcher dem Continent über 30 Millionen seiner Bewohner raubte, denselben nicht entvölkert zu haben scheint.

§. 43.

Das Cap-Land — oder das Land der Hottentotten — oder auch das Oranien-Flußland. — So heißt ein Theil, der Haupttheil des südlichen Hochafricas, derjenige nämlich, welcher von den Quellen des Orange-Stroms aus — an dem 5000 — 6000 Fuß hohen Schneegebirge — (unter dem 30° S. Br.) 150 Meilen von der Küste entfernt — über mehrere Bergzüge und trockne und wüste Hochflächen (Karroo's) hin allmählig zum Meere abfällt. Es ist das eigentliche

Südende mit der Südspitze des Continents, welches von dem Orange-Strom in der Richtung von O. nach W. durchzogen und von negerartigen Hottentotten (den Urbewohnern) und Europäern (Holländern und Engländern, als Ankömmlingen, Eroberern und Herren des Landes) bewohnt wird. — Der Orange-Strom (erst vor 50 — 60 Jahren entdeckt) mündet ungefähr 100 Meilen nördlich von dem unter dem 34sten Breitengrade gelegenen Cap der guten Hoffnung, welches das Ende einer kleinen Halbinsel ist. Auf dieser liegt die Hauptstadt des 6 — 7000 Quadrat-Meilen großen, auf europäische Weise angebauten und zum Theil sehr fruchtbaren Cap-Landes, nämlich die Cap-Stadt, mit ungefähr 20000 Einwohnern worunter über die Hälfte Negersklaven.

Anmerkung. Das Capland (d. h. die Küste) wurde mit dem Vorgebirge (Cap der Hoffnung) von den portugiesischen Seefahrern Diaz und Vasco de Gama um das Jahr 1500 entdeckt; aber erst im 17ten Jahrhundert von den Holländern colonisirt. Von diesen eroberten die Engländer die Colonie während der französischen Revolution 1795 und behielten sie wegen ihrer Wichtigkeit: denn sie ist eine Station für die Schifffahrt und den Handel nach Ostindien; sie bietet Gelegenheit dar zum vortheilhaften Handel und Verkehr mit den Bewohnern des innern Africas, so wie zur immer weitern Verbreitung europäischer Cultur und Sitte; endlich ist sie auch in geographischer Hinsicht wichtig, indem man von dem Caplande aus das Hochland (wie von der französischen Colonie Algier das Tiefland) zu erforschen Gelegenheit hat.

§. 44.

Wie die hohen Flächen (die Hochplateaux) des südlichen Africas gegen Süden abfallen, so senken sie sich auch in mehreren Bergstufen oder Gebirgszügen gegen Osten zum indischen Meere und verflächen sich hier in eine breite Küste, deren längster und bekanntester Strich, bis zum Aequator hin, den Namen führt: Küste von Mozambique und Zanguebar.

Das Hochland selber ist unbekannt und nur so viel gewiß, daß auf dem Rücken desselben ein großer Strom seine Quellen hat; dies ist der große Oststrom Südafricas, der Zambeze oder Cuama, welcher die das Hochland randförmig umgebenden oder begrenzenden Gebirge (Fura und Lupata?) durchbricht und sich der 10000 Quadrat-Meilen großen Insel Madagascar gegenüber in das Meer ergießt. An dem Ufer derselben liegt die portugiesische Stadt Sena, nördlich davon — vor den Küstenstrichen Mozambique und Zanguebar — auf kleinen Eilanden liegen die gleichnamigen Städte. — Auch der östliche Küstenstrich des africanischen Hochlandes ist sehr fruchtbar, besonders an den Ufern und Mündungen des Cuama und der kleinen Küstenflüsse, auch höher hinauf auf den Terrassen, die zum Hochlande führen; diese Stufenlandschaften enthalten auch Erz und edle Metalle; der Anbau aber oder die Cultur ist weniger gut, als im Caplande, und von den Portugiesen vernachläßigt worden. Diese entdeckten nämlich um 1500 unter dem berühmten Seefahrer Vasco de Gamo, welcher das Cap unter Pauken- und Trompetenschall umsegelt hatte, auch diesen Küstenstrich und fanden hier Städte und Handelsplätze vor, welche bereits im 12ten Jahrhundert die Araber gegründet hatten, denn bis dahin, ja noch weiter südlich bis zum Cap Corrientes (23° S. Br) und zu der Küste der Ungläubigen oder Kaffern, waren dieselben vorgedrungen, um ihre Religion zu verbreiten und um Handel zu treiben.

Anmerkung 1. Die Kaffern bewohnen die S. O. Küste Africas (Kaffern-Küste) auf einer Länge von mehr als 100 Meilen bis tief in das Innere hin (zum Hochlande hin) und unterscheiden sich in Gestalt und Sprache von den Negern als ein kriegerischer, halb wilder Völkerschlag, noch mehr von den ganz wilden Hottentotten, die den Uebergang von den Menschen zu den Affen bilden (ohne Gesetze, Religion, bei höchst dürftiger Sprache).

Anmerkung 2. Madagascar (das Eiland der Madagassen — malaischer Race zum Theil), eine 10000 M. gr. und sehr fruchtbare Gebirgsinsel (mit Berggipfeln von 10000 Fuß Höhe).

§. 45.

Eben so unbekannt, wie die östliche, ist die westliche Seite des großen africanischen Tafellandes oder diejenige, welche zu beiden Seiten des Aequators zum atlantischen Meere abdacht. Nur so viel ist bekannt, daß auf derselben oder im Hochlande selber der große Weststrom, der Zaire oder Strom von Congo, entspringt und von dort aus seinen Lauf nach der tiefen und breiten Meeresküste fortsetzt, welche im weitesten Sinne die Küste von Guinea heißt (zu beiden Seiten des Aequators bis zur 10ten Parallele und darüber hinaus). Südlich vom Congo und in derselben Richtung von O. nach W. fließt noch ein anderer Strom der Küste zu, der Coanzo, welcher wahrscheinlich auch dem Hochlande entquillt. Zwischen und an den Ufern beider liegen eine namenlose Anzahl von Gebieten unter Negerfürsten oder von sogenannten Negerstaaten, wie z. B. Congo, Angola, Benguela, die gebirgig, waldig, fruchtbar und erzreich sind und wahrscheinlich die eigentlichen Terrassen- oder Stufenlandschaften, oder diejenigen Landschaften sind, welche die Seiten und Gehänge des Hochlandes bis zur Küste einnehmen.

Von Benguela, welches an der linken Seite des Coanzo liegt, erstreckt sich die Guinea-Küste südwärts über das

Cap Negro in unbekannte Gegenden und Fernen bis zu dem Cap Voltas, unter welchem der Orange mündet (28° S. Br.). Eben so dehnt sich die Küste von dem an der rechten Seite des Coanzo gelegenen Angola nordwärts — jedoch über bekanntere Gegenden und Gebiete aus, und zwar zunächst über Congo bis zum Cap Lopez oder bis gegen den Aequator, sodann von dem genannten Vorgebirge bis zu dem Cap Sierra Leona (8° N. Br.) (Löwen-Gebirge), wo das Meer den größten Golf von Africa — den Guinea-Busen — ausgespült hat. Dieser letzte Küstenstrich, nördlich vom Cap Lopez bis zum Cap Sierra Leone, heißt Nord-Guinea oder Ober-Guinea; jener zuerst bezeichnete Strich, südlich vom Cap Lopez bis zum Cap Negro, wird dagegen Süd- oder Unter-Guinea genannt.

Ungefähr in der Mitte des Meerbusens von Guinea oder 80 — 100 Meilen nordwärts vom Cap Lopez liegen die Mündungen des Nigerstroms. Diese sind erst in den neuesten Zeiten entdeckt worden; die ganze 500 Meilen lange Küste von Ober-Guinea dagegen wurde bereits im 15ten Jahrhundert von den Portugiesen aufgefunden und zum Handel mit Goldstaub und Negersklaven benutzt.

Anmerkung. In Ober-Guinea liegen, und zwar
a) auf dem Küstenstrich Sierra Leona die englische freie Neger-Colonie Freetown (Freistadt),
b) auf der Pfefferküste die nordamerikanische Neger-Colonie Liberia,
c) auf der Goldküste zahlreiche europäische Niederlassungen, z. B. die britische Festung Cabo Corso,
d) auf dem übrigen Küstenstrichen, so wie im Innern, viele sogenannte Negerkönigreiche (z. B. Benin, das Reich der Aschantis u. a.).

§. 46.

Auf der linken oder südlichen Seite des untern Niger oder östlich von der Bucht des Guinea-Busens, welche Biafra, wo der Niger mündet, heißt, erhebt sich ein 10 — 12000 Fuß hohes Bergland, welches sich wahrscheinlich östlich fortsetzt und mit dem Komri oder Mond-Gebirge zusammenhängt, an dessen Seite der eine Quellstrom (der westliche) des Nilflusses entspringt. Wenn das der Fall ist, so bildet dieser Gebirgszug die Grenze oder den Rand des südlichen Hochafricas im Norden.

Dieser nördliche Gebirgsrand des Hochlandes ist jedoch noch unerforscht und unbekannt; nur so viel ist gewiß, daß er weiter nördlich allmählig in ein Tiefland übergeht, welches der Anfang oder die erste Stufe (obere) des großen nordafricanischen Tieflandes bildet, dasselbe heißt hier Sudan; in der Mitte desselben breitet sich ein großer Landsee aus, der Tschadsee.

Das Mondgebirge, welches den Haupttheil des nördlichen Randes von Hochafrica bildet, bevor es zur Tiefe sinkt und sich verflächt, zieht sich wahrscheinlich weiter gegen Norden hinauf. Wenigstens erhebt sich hier zwischen dem westlichen Quellfluß des Nil und dem Meerbusen von Aden, welcher zur Straße von Babel=Mandeb sich verengt, also auf der N.O. Seite des hohen Africas, ein Gebirgsland von 8 — 10000 Fuß Höhe; dieses merkwürdige und früher, als Südafrica, bekannt gewordene Land heißt Aethiopien — im engern Sinne — oder Abyssinien (Habessinien, Habesch) oder nach der Höhe und Natur seiner Berge das habessinische Alpenland.

Auf demselben liegt der Bergsee Tsana, und südlich davon auf einer Höhe von 9 — 10000 Fuß entspringt der östliche Quellstrom des Nil. Vielleicht, daß dieses Alpenland südwärts mit den Gebirgen zusammenhängt, die den östlichen Rand des Hochlandes bilden (Lupata?).

Anmerkung. Die jetzigen Hauptstädte von H. sind Adowa und Gondar, die ehemahlige Axum; die erste und letzte (Ad. und Ax.) liegen auf den nordöstlichen Terrassenlandschaften Tigre, Gondar auf der Terrasse Amhara, wo der Alpen=See Tsana. Uebrigens ist H. ein auf den Terrassen und in den Thälern höchst fruchtbares, allein durch innere und äußere Kriege zerrüttetes Land (Königreich, Kaiserthum); — das einzige christliche in Africa; die Bewohner wahrscheinlich arabischer Race, keine Neger, sondern mit denselben (den Gallas) in stetem Kriege.

§. 47.

Nördlich von den Mündungen des Niger, oberhalb des Meerbusens von Guinea, erheben sich wieder mehrere Gebirgszüge und Hochebenen, worunter das Kong=Gebirge, welche einen mehrere 100 Meilen langen und breiten Raum — die nordwestliche Ecke von Süd=Africa bis zum Cap Sierra Leona — erfüllen und ein vom Hochlande durch die Thalebene des Niger abgesondertes Hochland bilden. Dieses ist das Hochland des Niger, Senegal und Gambia oder das hohe Nigritien, auch das Hochland von Sudan genannt. Die Quelle des Niger liegt ungefähr 50 Meilen östlich vom Cap Sierra Leona, den Quellen des Senegal, Gambia und Rio grande benachbart. Der südwärts vom Cap Sierra Leona bis zu dem Delta des Niger gelegene Küstenstrich ist Ober=Guinea (Siehe §. 46.), der nördlich gelegene bis gegen die Grenze der Wüste (Sahara) Senegambien.

Anmerkung. Von dem hohen Sudan oder senegambischen Hochlande ist zu unterscheiden das senegambische Küstenland oder das eigentliche, früher so genannte Senegambien, von der Senegal-Mündung bis zur steilen Sierra Leona-Küste. Auf diesem Küstenstrich sind die wichtigsten Puncte:

a) das von den Portugiesen um 1450 entdeckte grüne Vorgebirge,

b) die in und an dem Senegal und Gambia gelegenen europäischen Niederlassungen (St. Louis, St. James); — das östliche Hochland ist mit Negervölkern unter despotischen Regierungen angefüllt. Ein Haupthandelsproduct der Küste ist das Gummi.

§. 48.

Da, wo der Niger aus dem hohen Gebirgslande (Hoch-Nigritien, Hoch-Sudan) schnell und reißend in die Ebene tritt, breitet sich nach allen Seiten hin ein großes Flachland aus, im Süden von dem Nordrande des südlichen Hochafrica, übrigens von der Wüste (Sahara) begrenzt, nur etwa 1000 Fuß hoch über dem Meere liegend, dagegen so groß, als das europäische Rußland (40000 Quadrat-Meilen). Dieses große Flachland heißt Nigritien oder Sudan (das nieder S. oder die Niger-Ebene); ungefähr in der Mitte desselben ist ein großes Wasserbecken, ein Landsee, der Tschad-See (vergl. §. 46.); zwischen demselben und dem Niger, also im W., liegen die Gebiete oder Negerstaaten von Bambarra, Burnu und Haussa, noch westlicher und in der Nähe des Niger die Stadt Tombuktu (mitten in der Sandsteppe, 8 Meilen nördlich vom Niger) mit nur 10 — 20000 Bewohnern.

Dieser letzte Ort — 2 Meilen nördlich vom Niger (Joliba), unter dem 15° N. Br. in einer öden Gegend, ist als Handels- und Karawanen-Platz, so wie als das Ziel der europäischen Reisenden von W. her (zur Erforschung des Nigerstromes) der wichtigste in ganz Nigritien, zumahl da die übrigen Städte und Handelsplätze, Sego im Bambarra, Sakkatu in Haussa, Burnu in dem Gebiet gleiches Namens noch zu wenig bekannt sind. Uebrigens ist Nigritien eine Fundgrube von Goldstaub, Elfenbein, Gummi, Straußfedern, (Sklaven), für die zahlreichen in Tombuktu zusammentreffenden Karawanen, die jene Producte gegen europäische Waaren umtauschen. Den Handelsverkehr treiben oder fördern die Araber, während die Neger (Nigritien — Negerland), als Ureinwohner theils mit Viehzucht, theils auch mit Gewerben sich beschäftigen.

Anmerkung. Der Niger und Nigritien — das Ziel der europäischen Reisenden im 18ten und 19ten Jahrhundert von Mungo Park, Hornemann bis Lander.

§. 49.

Nördlich von Tombuktu und dem Tschad-See oder von Sudan überhaupt wird das Land noch tiefer, sandiger, steiniger, unfruchtbarer und fast ganz menschenleer, — das eigentliche Tiefland von Africa oder die afrikanische Wüste (Sahara) beginnt, ein ungeheurer, bis zu den Vorhöhen des Atlas im N., dem atlantischen Meer und dem Senegal im W. und im O. bis gegen das Nilthal hin sich erstreckender, über 100000 Quadrat-Meilen großer Landstrich (fast 3 Mahl so groß, als Sudan), wahrscheinlich ehemahls ein Theil des (atlantischen) Meeres oder überhaupt Seeboden; daher auch reich an Steinsalz, übrigens mit Sand (Flugsand) und Kies (Rollkies) bedeckt, unter dem senkrechten Strahl der Sonne gelegen, besonders im W. ohne alle Vegetation, dagegen im O., gegen Aegypten hin, so wie gegen N. mit Fels- und Kalkboden, quellreichen und fruchtbaren Stellen und Strichen (Oasen), wie z. B. Fezzan mit der Stadt Murzuk, und Siwah (25° N. Br.) (das alte Ammonium, eine Priestercolonie, wohin Alexander der Große von Aegypten aus zog).

Anmerkung. Die Hauptproducte der Sahara sind, außer den Steinsalzlagern und Gummiwäldern (letztere am Rande): Strauße, Gazellen, Kameele; die Einwohner theils Berbern (z. B. Tuariks), theils Araber, theils ein Gemisch beider — meist Nomaden (räuberische). Zu den merkwürdigen Erscheinungen und Zuständen der Wüste gehören unter andern: die Gluthitze und Glutwinde (Samum), die tiefe Stille, die Sandwirbel, die Luftspiegelungen (täuschende), die auch den Alten (wie die Wüste selbst) zum Theil schon bekannt waren.

§. 50.

Mit der Sahara im O. (da, wo die grünen und wohnlichen Oasen aus dem Sandmeer sich erheben) theilweise zusammenhängend ist ein anderes, weit kleineres (5000 bis 6000 Quadrat-Meilen großes) Tiefland; dies ist das im Alterthum seit den Zeiten Moses bis auf Napoleon so berühmte Aegypten oder Nil-Land, von dem aus Habessynien durch Nubien herströmenden Nil durchflossen und durch dessen zahlreiche Ueberschwemmungen (mit vegetativer Schlammerde) befruchtet: ein tief gelegenes Land zwar, und in so fern der Sahara ähnlich, allein in allen übrigen Natur- und geschichtlichen Verhältnissen derselben unähnlich; denn es ist ein fruchtbares, korn-, reiß- und baumwollenreiches Culturland (ein Nebenland der Türkei, wiewohl der Pascha desselben ziemlich frei und unabhängig herrscht — jetzt Mehmed Ali) mit drei großen Hauptstädten —

am Nil — Luxor oder Theben, Kairo, Alexandrien, von welchen das erste in Ober-Aegypten (in Ruinen), das letzte in Unter-Aegypten (im Delta), Kairo aber (Residenz mit 300000 Bewohnern) da liegt, wo das alte Memphis stand, und die Pyramiden sich erheben (Gize), und der Nil sich in mehrere Arme theilt (30° N. Br.).

Wie diese drei Städte, so lagen und liegen auch alle übrigen großen und wichtigen Ortschaften am Nil; denn dieser Strom ist die Lebens- und Segensquelle des Landes; so weit derselbe daher und sein fruchtbares Thal (ohne Regen) reicht, so weit er schiffbar ist, so weit reicht auch das eigentliche Aegypten (das Thalland), also südlich bis zu den Wasserfällen (Katarakten) bei Assuan oder Syene (24° N. Br.); denn hier erhebt sich Nubien, ein Stufen- oder Mittelland zwischen Aegypten und dem Hoch- und Gebirgslande Habessynien, mit den fruchtbaren Landschaften Dongola und Sennaar am westlichen Nil-Ufer. Wiewohl Nubien fast drei Mahl so groß ist, als Aegypten, so hat es doch zu keiner Zeit eine bedeutende Cultur und Geschichte gehabt, vielmehr erscheint es nur als ein Vorland Aegyptens, von welchem es auch bis auf den heutigen Tag abhängig ist; die größte Stadt ist Sennaar, Residenz eines (unabhängigen) Fürsten oder Sultans (Karawanen-Handel).

Anmerkung. Aegypten war im Alterthum (2 Mahl) und ist jetzt noch — nebst dem Cap-Lande — das einzige Cultur-Land Africas. Boden und Klima fesselten die Bewohner an die Scholle oder nöthigten sie zum Ackerbau, wie die flache Wüste den Beduinen zum Nomaden und Räuber macht, und Berg- und Waldreviere Jäger- und Kriegsvölker schaffen. Uebrigens aber erscheint das heutige Aegypten gegen das frühere und alterthümliche (seit der Türkenherrschaft 1517) als ein Land der Sklaverei und der Ruinen; die letzte Glanzperiode desselben war die der ptolemäischen Fürsten bis 2 Jahrh. vor der christl. Zeitrechnung.

§. 51.

Nordwärts von der Sahara, und zwar von dem westlichen Theile derselben (da, wo derselbe in das Cap Non ausgeht), erhebt sich das Land wieder und steigt zu einem mächtigen Gebirgslande auf, welches den ganzen Raum zwischen der Wüste und dem Meere erfüllt und bis zum Vorgebirge Bon (37° N. Br.), der Hauptinsel des Mittelmeeres, Sicilien, gegenüber, sich erstreckt; dies ist das Atlas-Land oder das Hoch- und Gebirgs-Land der Berberei oder der Berbern, der ehemahligen Urbewohner (jetzigen Araber, Mauren), ein fruchtbares und schönes (wald-, weide- und kornreiches) Land, mit vielen Plateaux, Terrassen und Thälern, — das alte Mauretanien,

Numidien, Carthago. — Auf den Abhängen und Seiten des Atlas in N. W. gegen das atlantische Meer hin liegen die Städte und Gebiete von Marocco und Fez (über 200000 Einw.), auf der Küste des Mittelmeeres zunächst die Landschaft und Stadt (franz. Colonie-Stadt) Algier (an 100000 Einw.), weiter östlich, wo die Küste gegen Sicilien hin weist, das Gebiet und die Stadt Tunis mit 150000 Bewohnern und den Ruinen des weltberühmten Carthago.

Anmerkung. Die Staaten Algier, Tunis, Tripolis waren sonst gefürchtete Raub- oder Korsaren-Staaten — Schutz- und Tribut-Staaten des (türkischen) Sultans von Constantinopel; jetzt ist Algier, als eine Eroberung, in die Hände der Franzosen übergegangen, welche von N. Africa aus wahrscheinlich eine neue Bahn des Handels und der Civilisation für den ganzen Continent eröffnen. — Fez und Marokko ist ein (mohammedanisches) Kaiserthum, daher der Regent auch den Titel eines Sultans führt.

Von dem Cap Bon aus (Sicilien gegenüber), wo der Atlas abfällt bis dahin östlich, wo das Land auf eine ähnliche Weise wieder hervortritt (der Insel-Candia schräg gegenüber), hat das Meer eine weite Bucht gebildet (die libysche oder die Syrten, die größte nächst der guineischen); ungefähr in der Mitte derselben auf dem Küstenvorsprung, welcher sich landeinwärts zu einem Plateau erweitert (N. Rand der Sahara), liegt die Landschaft und Stadt Tripolis (mit 15000 Einw.). Der östlichste Theil des Gebietes von Tripolis, eben der, welcher als ein Vorland, das nach Griechenland hinweist, den libyschen Meerbusen von dieser Seite schließt, ist ebenfalls eine Hochebene (ein Plateau) oder ein kleines Hochland (von 1000 — 1500 Fuß Höhe) und heißt jetzt Barca, ehemahls Cyrene, und war zur Zeit der Griechen eine blühende Pflanzstadt (jetzt eine Trümmergegend).

Die fünf Continente oder Erdtheile,

an und für sich und nach ihrer besondern physischen Gestalt und historischen Bildung betrachtet.

Der Europäische Continent.

(§. 52 — 71.)

§. 52.

Europa besteht aus zwei wesentlich verschiedenen Theilen (aus zwei geographisch und historisch ungleichen Hälften), aus einem östlichen und einem westlichen Theil (wie Asien) oder aus einem Ost- und einem West-Europa; wiewohl beide Hälften sich wieder in einen nördlichen und südlichen Theil zerlegen lassen, und so nach auch ein Nord- und ein Süd-Europa unterschieden wird. Die Unterscheidung selbst, wie die Eintheilung, beruht auf Klima, Boden, Lage, Gestalt, Höhe, Bewohnern u. s. w. dieser Continents-Theile, kurz auf Verhältnissen und Formen, die in der Natur und in der Geschichte ihren Grund haben.

Ost-Europa erstreckt sich von den Grenzgebirgen gegen Asien (vom Ural und Caucasus, siehe §. 4 und 10.) über ein großes (breites und langes) und tiefgelegenes Flachland bis dahin, wo die ersten Höhen und Gebirge aufsteigen, welche das übrige, westliche Europa bedecken, d. h. bis zu den Karpathen und Sudeten (letztere Bezeichnung im weitesten Sinne genommen).

West-Europa befaßt alles übrige Land (Hoch- und Gebirgsland) bis zu dem atlantischen Ocean (in welchem die Gebirge der pyrenäischen Halbinsel versinken).

Süd-Europa heißen die am weitesten gegen Süden oder Mittag gelegenen Theile des Continents, ungefähr vom 45 Grade der Breite an, oder von den (Schweizer-) Alpen, dem Hämus, den Sevennen, Pyrenäen abwärts bis zum Mittelmeer — im westlichen, — so wie im östlichen Europa von dem Unterlauf der großen Ströme an, die in das schwarze Meer fallen. Alle übrigen nordwärts von jener Scheidungslinie gelegenen Continental-Theile (also die meisten und größten) machen das nördliche Europa aus.

Anmerkung. Das östliche Europa befaßt — vorläufig bemerkt — das große (und größte — europäische) russisch-polnische Kaiserreich, slavischer Nation, nebst dem nordöstlichen Gebiet der preußischen Monarchie (Königreich Preußen).

Das westliche Europa enthält mehrere Reiche und Staaten, insonderheit zwei Klassen oder Ordnungen derselben. Die eigentlich deutschen (rein-deutschen) und die gemischten oder römisch-deutschen (romanischen).

Zu den rein-deutschen Staaten gehört der deutsche Staatenbund (Oestreich, Preußen, Baiern u. s. w; alle übrigen, besonders westlichen und südlichen Länder und Staaten (Frankreich, Italien, Spanien u. s. w.) sind romanische oder römisch-deutsche. Siehe unten. — Diese letztern Länder — Spanien, Portugal, Italien, Griechenland — kurz die südeuropäische Halbinsel und Küsten-Länder bilden das südliche, so wie Schweden, Norwegen, Dänemark vorzugsweise das nördliche Europa.

§. 53.

Das östliche Europa oder Ost-Europa ist gewissermaßen eine weitere, westliche Fortsetzung von Asien und zwar von West-Asien (von dessen Niederungen, Steppen, Bewohnern, Producten u. s. w.), wenigstens hat es Aehnlichkeit mit demselben in vielerlei Hinsicht, und da dasselbe nun auch höchst einfach und einförmig in seinem Bau und seiner Bildung ist, so läßt sich die Beschreibung des gesammten Europas mit diesem Theil oder mit seiner Osthälfte füglich beginnen, und zwar auf folgende naturgemäße Weise.

Das kaukasische Gebirge (zwischen dem schwarzen und caspischen Meere — im N. der 40sten Parallele) senkt sich gegen Norden und geht nach und nach in eine baum- und waldlose Weidefläche oder in eine Steppe über — die Kubanische — östlich vom schwarzen und asowschen Meere, von dem dort einmündenden Steppenfluß Kuban so genannt.

Eben so fällt das uralische Gebirge gegen Westen in eine (wellenförmige) Ebene ab gegen einen großen Strom hin (den größten europäischen), welcher die Wolga heißt und, zum Theil als Grenzstrom zwischen Europa und Asien, in das caspische Meer fällt, da, wo die Stadt Astrachan liegt (ebenfalls in einer Steppengegend bis Sarepta hinauf, unter fast gleicher Breite mit Ober-Italien und dem südlichen Frankreich).

Oberhalb der Wolga gegen N.W. hin erhebt sich der Boden etwas, und in dem Quellbezirk derselben — am höchsten — hier auf dem Plateau oder auf einer Hochebene von etwa 1000 — 1500 Fuß, liegt die alte Hauptstadt von ganz Osteuropa (und Rußland), Moskwa, unter dem 55 Grad N. Br., also etwa 40 — 50 Meilen nördlicher, als Berlin (unter dem 52° Br.), und etwa 1500 Fuß über dem Meer. — Westlich von der Wolga-Quelle (30 — 40 Meilen) und südlich liegen aber auch die Quellen zweier anderer Ströme, der Düna, und des Dnieper, und südöstlich vom Dnieper — der Don. Demnach ist das Plateau von Moskwa (die Waldai-Höhe — der Wolchonsky-Wald) eine nicht bloß historisch, sondern auch physikalisch höchst merkwürdige Erdstelle, eine wasserscheidende oder solche Gegend, welche die fließenden Gewässer und ihre Gebiete theilt oder absondert, und von welcher aus sie, der Neigung oder Abdachung des Landes folgend, der Tiefe — den Meeresbecken zufließen. — So fließt denn auch der Dnieper (desgleichen der Don) in das schwarze, die Düna in das baltische, und ein anderer, nördlich von der Wolga entspringender Strom, die Dwina, in das arktische Meer.

Von der Waldai-Höhe her oder von der Quellgegend der vorgenannten Flüsse aus senkt sich nun alles dazwischen liegende Land gegen O., S. und N. und N.W. und bildet eine zusammenhangende, theils mit Wald- und Weide-Revier, theils mit Fruchtfeldern und Getreidefluren bedeckte Ebene oder ein großes, von fünf Hauptströmen durchschnittenes, tiefes Flachland, welches gegen die Strommündungen und Küstenflächen hin — südlich — in ein Steppenland übergeht, aus welchem sich die fruchtbare und reizende Halbinsel Krimm (Taurien) zwischen dem schwarzen und asowschen Meere erhebt. Und dieses, von der Wolga, dem Don, Dnieper, der Düna und Dwina durchströmte Flachland ist der Haupttheil von Osteuropa. Dasselbe erstreckt sich aber eigentlich noch weiter gegen Westen hin, nämlich bis zu den Gebieten zweier Ströme, des Dniester und der Weichsel, 50° N. Br. ungefähr, welche, auf den Karpathen entspringend, in entgegengesetzter Richtung fließen — jener zur Ostsee, dieser (wie der Dnieper und Don) zum schwarzen Meer.

Anmerkung. Gegen N. O. (längs der Petschora) geht das russische oder osteuropäische Flachland, so wie auch im N. W. am obern Dnieper, in Sümpfe und Moräste über, längs der Düna und Weichsel (mittlern) in fruchtbare Getreideebenen.

§. 54.

Das osteuropäische Flachland bevölkerten und bewohnten in den Zeiten vor Entstehung und Ausbreitung des Christenthums Viehzucht treibende oder nomadische Völker, nämlich die Scythen, und später die Sarmaten, weshalb es auch das europäische Scythenland oder Scythien, später das Land, die Steppe der Sarmaten (Sarmatien) hieß. Um mit denselben Handel zu treiben (vom Pontus Euxinus aus), legten die Griechen Handelsplätze in dem Barbaren-Lande an (z. B. am Dnieper oder Borysthenes). — Um die Zeit nach Christi Geburt wohnten in den südlichen Landstrichen längs dem schwarzen Meere gothische (deutsche) Völkerschaften. Diese wurden seit dem 4ten Jahrhundert von den asiatischen Hunnen, einer Nomaden-Horde, gegen W. gedrängt. Zwei Jahrhunderte später, um 500 (nach der Völkerwanderung), besetzten und beweideten slavische Völker, vielleicht die Nachkommen der Sarmaten, die osteuropäischen Steppen bis zur Weichsel hin (und weiter). Diese wurden eine Zeit lang (seit Sec. XIII.) von den Mongolen, den kriegerischen Horden Dshingis-Chans, aus den hohen Steppenländern Asiens überwältigt und unterjocht, bis seit Sec. XV. die slavischen Völker und ihre Fürsten die rohen und wilden Fremdlinge wieder vertrieben, indem sie die von den Mongolen und Tataren besetzten Städte und Gebiete wieder eroberten, nämlich an der Wolga Kasan und Astrachan und die Halbinsel Krimm. Die slavischen Eroberer hießen damahls Russen, und diese sind auch bis jetzt noch das herrschende Volk in Osteuropa, zumahl seitdem sie auch die Polen, Litthauer, Finnen und andere slavische oder verwandte Völker und Staaten jenseit der Weichsel über den Dniester hinaus bis zur Donau hin sich unterworfen und ihrem Großstaate (dem größten in Europa) einverleibt haben. Dies geschah vorzüglich seit 1700 (Peter der Große) und zu Ausgang des 18ten Jahrhunderts (Catharina II.). Gegenwärtig lehnt sich die russische Macht (die Macht der Moscoviten) in Europa an drei Hauptgebirge, im O. an den Ural, in S. O. an den Caucasus, in S. W. an die Karpathen.

§. 55.

Da die Russen Slaven waren und als Nomaden mehr Viehzucht, als Ackerbau, trieben, auch seit 1500 erst frei wurden von dem Joch der Mongolen und wie durch ihre geographische Lage, im O. von Europa, so durch Sprache, Sitte, Religion, Verfassung (Leibeigenschaft) von den Völkern (civilisirtern) des westlichen Europas abgesondert und abgeschieden blieben: so läßt es sich erklären, wenn Rußland nach Verhältniß seiner Größe (an 70000 Quadrat-Meilen) nur wenige und weit von einander gelegene Städte hat, und daß dieselben erst später (seit Peter dem Großen und Catharina) zur Blüthe gekommen sind. Dieselben liegen meist an den Hauptströmen des Landes, in deren Gebieten, Mündungen, oder an der Seeküste, und zwar haben die östlich gelegenen Städte in Bauart, Bevölkerung und Lebensweise mehr Asiatisches als Europäisches.

Anmerkung. Was von Don und Wolga östlich und südlich liegt und wohnt, ist mehr asiatisch, als europäisch; Moskwa z. B. ist eine noch halbasiatische Stadt (besonders vor dem Brande 1812) — Petersburg eine neueuropäische Capitale.

Die wichtigsten Städte des europäisch russischen Kaiserstaates sind folgende:

1. An der Dwina (in der nördlichen Abdachung), und zwar an der Mündung ins weiße Meer, Archangel (64° N. Br.).
2. An der Wolga und im Gebiet derselben (in der südlichen Abdachung) Moskwa (300000 Einwohner, 55° N. Br.), Kasan (Nizney, Nowogorod, wichtiger Handelsplatz), Perm (Bergbau), an der obern und mittlern Wolga. Dagegen Astrachan (45° N. Br.) an der untern W. in der Mündung.
3. Oestlich von der Wolga, am Ural-Fluß, Orenburg.
4. Westlich am Don (Tanais, dem alten Grenzfluß zwischen Europa und Asien), und zwar in der Mündung (auf Werdern und Pfählen), Tscherkask, Hauptplatz der donischen Kosaken — und Asow (1696 von Peter dem Großen erobert — Gründung der russischen Seemacht.
5. Am Dnieper (Borysthenes), in der südlichen Abdachung und zwar am obern D. Smolensk, Kiew (Poltawa — in der Ukraine), an der Mündung Cherson, bef. Hafenstadt.
6. Zwischen den Mündungsmeeren des Don und Dnieper auf der Halbinsel Krim (Taurien) Simferopol (und das früher so berühmte Kaffa, jetzt Feodosia).

Anmerkung. Orenburg (unter dem 51° N. Br.) liegt sehr tief (in der europäisch-asiatischen Tiefebene) und soll mit dem Weltmeer das Niveau halten.

7. Am Dniester, Kamenetz (am obern — in Podolien), Bender (am mittlern — in Bessarabien).
8. Zwischen den Dniester- und Dnieper-Mündungen am schwarzen Meere Odessa (beste Hafen- und Handelsstadt mit 20000 Bewohnern).
9. Nördlich von Podolien, in der Landschaft Wolhynien (Gebiet des Dnieper), Luck, Dubno. (Auf der Grenze gegen Galizien, zwischen dem ehemahligen Polen und Rußland, Brody, Haupthandelsstadt im Oestr. Galizien mit 20000 Einwohnern).
10. An der Düna (am Ausfluß) Riga (in Liefland).
11. Zwischen der obern Düna, dem obern Dnieper und im Gebiet des Niemen (oder Memel) Wilna und Grodno, in Litthauen — russisch. — In preußisch Litthauen — Tilsit, Memel (an der Mündung des kurischen Haffs, 55° Br.)
12. Zwischen den Mündungen des Niemen und der Düna, an der Ostsee, Libau und Mitau (in Curland).
13. Am Rigaischen Meerbusen in Liefland Riga (Siehe vorher).
14. Zwischen dem Rigaischen und Finnischen Meerbusen Reval (in Esthland).
15. Zwischen dem finnischen Meerbusen und dem Ladoga-See, an der Newa, Petersburg, die neuere (von Peter I. gegründete) und zweite Hauptstadt des Reiches, Residenz des Kaisers, in der Landschaft Ingermannland, unter dem 59° N. Br., eine Kunst- und Prachtstadt mit Marmor- und Granit-Säulen, Palästen und Kirchen (das Marmor-Palais, die Kirche der Kasanschen Mutter Gottes), auch volkreicher als Moskwa (über 400000 Einw.).

Südlich von Petersburg Nowogorod zwischen Ilmen- und Ladoga-See — früher, im Mittelalter blühende Handels- und Hanse-Stadt — (Wer kann wider Gott und Nowogorod! Sprichwort).

Anmerkung. Wie Nowogorod und Kiew die ältesten Städte Rußlands, so sind die Ukraine (Klein-Rußland mit Kiew) und die deutschen Ostsee-Provinzen (ehemahls schwedisch) die fruchtbarsten Landschaften des Reiches. Der wichtigste Handelsstrom im östlichen Rußland ist die Wolga; die Lage von Petersburg verbindet das Reich mit W. Europa und allen Continenten.

§. 56.

Außer dem eigentlichen Rußland (seit Peter dem Großen, um 1700) oder dem Lande vom Ural und dem Caucasus im O. und S. O. bis gegen die Karpathen hin im W. (der

Dniester, Bog, Nebenfluß der Weichsel, und der Niemen waren theilweise Grenzflüsse), so wie vom schwarzen Meere im S. bis zum weißen Meere in N. und dem finnischen Meerbusen im N. W. gehören zum osteuropäischen Flach- und Tieflande auch noch die ehemahligen Grenzgebiete zwischen dem östlichen und westlichen Europa — meistens Bestandtheile des seit 1773 u. s. w. vernichteten Königreichs Polen oder die Abhänge, Seiten und Senken der Karpathen gegen N. O. und S., so wie die Uferländer der von ihnen abfließenden Ströme, insonderheit des Dniester im S. und der Weichsel im N., höchst fruchtbare Gebiete und Landschaften mit slavischer Bevölkerung, welche gegenwärtig seit der Zertrümmerung Polens und in Folge der Türkenkriege theils russische, theils östreichische, theils preußische Landestheile geworden sind.

Dergleichen Grenzgebiete nun, meist Stücke des ehemahligen Türken- und Polenreiches, sind zunächst:

a) Im S. Osten die Länder zwischen Dniester — dem ehemaligen Grenzfluß zwischen der Türkei und Rußland — Pruth (dem jetzigen Grenzfluß) und der Donau z. B. die Moldau — mit Bessarabien im S. und der Bukowina im N. — und die Wallachei, zwei Tief- und Flachländer, in welche die Karpathen (die siebenbürgischen) abfallen; die Moldau mit den Städten Jassi (Hauptstadt) unweit des Pruth und der Fest. Chotin (Chotschin) am Dniester (obern), Kaminieck gegenüber, ehemahlige Vormauer gegen Polen; Bessarabien (ein Theil der obern oder niedern Moldau) mit der Stadt und Festung Bender und der Handelsstadt Ismail in der Donau-Mündung; die Bukowina (ein Gebirgsländchen im N. der Moldau) mit der Hauptstadt Czernowitz am Pruth; die Wallachei mit der Hauptstadt Bukarest an einem Zufluß der Donau unter dem 44° N. Br.

b) Ferner gehören hieher die Länder im Osten oder die Landschaften zwischen dem obern Dniester und der obern Weichsel, ebenfalls auf den Abhängen der Karpathen; sie bilden meist eine Hochebene oder das Plateau von Galizien. Lemberg (im N. des obern Dniester über dem 49° N. Br.), mit 40000 Bewohner, und Brody auf der Grenze des eigentlichen Rußlands, mit 20000 B., worunter fast die Hälfte Juden, wichtiger Handelsplatz. An der obern Weichsel aber, da, wo sie die Grenze macht zwischen Galizien und dem ehemahligen Polen, liegt in Ober-Polen das Gebiet des Freistaates Krakau, zwischen östreichischen (Galizien, Ungarn), preußischen (Schlesien) und russischen (Polen) Gebieten — 20 Quadrat-Meilen groß mit mehr als 100000 Einwohnern (in der Nähe die Salzbergwerke von Wielizka).

c) Ferner an der mittlern Weichsel das ehemalige Königreich Polen, sonst über 10000 Quadrat-Meilen groß, zwischen Rußland, der Türkei, Deutschland und Preußen, mit den Städten Sandomir auf einem Plateau — Warschau am linken Weichselufer, Hauptstadt des ehemaligen Königreichs Polen (in der Provinz Masovien) mit 140 — 150000 Einw.

Endlich das Land der untern Weichsel von der preußischen Stadt Thorn an bis östlich gegen die Memel (Niemen) und westlich bis zur Oder (Warthe), nördlich bis zum Meere, welches Land (meist) den nordöstlichen Theil der brandenburgisch-preußischen Monarchie ausmacht und Preußen heißt (Ost-West- und Süd-Preußen oder Posen). — Vergl. unten.

Anmerkung 1. Die unter §. 56. vermerkten Landschaften sind von Natur sehr fruchtbare und ergiebige Agricultur-Länder, gehören aber sowohl ihrer Bevölkerung, als ihrer Sitte und Bildung nach (mit Ausnahme von Preußen, welches ehemahlige deutsche Ordensland bereits seit sec. 14 germanische Cultur angenommen) zu dem slavischen Osten von Europa.

Anmerkung 2. Wie in Osteuropa (im S. O.) noch Steppen sind, die auf Asien hinweisen, so giebt es auch dort noch Vieh- und Nomaden-Wirthschaft als Hauptnahrungszweig; dagegen herrscht im übrigen und westlichen Europa die Land- und Feldwirthschaft (die Agricultur) als Hauptbeschäftigung vor — verbunden mit allen auf dieselbe und den Handel gegründeten Arten und Zweigen der Industrie, wiewohl auch Rußland seit Peter I. ein Industrie- und Handelsstaat geworden. Weniger verschieden zeigen sich die Fauna und Flora, überhaupt die Urproduction des östlichen und westlichen Europas, wie denn Europa überhaupt alle Erzeugnisse der gemäßigten Zonen in sich vereinigt bis zur Empfänglichkeit für einzelne Südfruchtarten. Europa ist zwar nicht die erste, wohl aber die zweite Heimath der Cerealien (deren Surrogat die so wohlthätige Kartoffel).

§. 56.

Wie das östliche Europa im Ganzen tief gelegen, flach und eben ist, so ist das westliche Europa hoch, uneben, gebirgig, überhaupt reicher, mannigfaltiger und schöner an Gestaltungen und Formen, so wohl seines Körpers, als seiner Glieder (seiner Oberfläche). Daher entstanden und entwickelten sich in demselben auch um Jahrtausende früher Völker und Staaten; ja, bis auf den heutigen Tag steht Osteuropa an Civilisation und Cultur hinter Westeuropa zurück. Es hat in dieser Beziehung einige Aehnlichkeit mit dem westlichen Asien, wo die Geschichte ebenfalls eine ältere Bildung oder, was einerlei ist, frühere bürgerliche Gesellschaften und

Staaten aufweist, als im östlichen Asien. Wie nun aber in der Regel Ein Hauptgebirge einem Continente oder einem Theile desselben seine besondere (individuelle) Gestalt oder dasjenige giebt, was man bei der menschlichen Organisation die Körper-Constitution, die Leibesgestalt nennt (wie z. B. der Himalaya, der Taurus u. s. w. — Asien, die Anden — America), so ist es in dem westlichen Europa das hohe Alpengebirge (zu beiden Seiten des 45° N. Br.), welches diesen Theil des Continents auszeichnet und zu dem eigentlichen Haupt desselben macht. Es heißt daher auch vorzugsweise das Gebirge (Alp — wie Taurus, Tau u. s. w. ursprünglich Berg bedeutet), und zwar ist es seiner Lage nach das südeuropäische Alpengebirge; denn es liegt da, wo sich die Halbinsel Italien in das Mittelmeer erstreckt, indem es sich im Norden derselben wie ein scheidendes und schützendes Bollwerk vom Meerbusen von Lion und Genua aus bis zum Meerbusen von Triest und darüber hinaus erhebt, weshalb auch Italien vorzugsweise das Land jenseit der Gebirge (der Alpen) oder Transmontanien (trans montes) genannt wird. — Und wie nun nicht selten ein Gebirge von einer an- oder inwohnenden Völkerschaft einen Beinamen erhält (z. B. das cantabrische Gebirge in Spanien), so heißt das südeuropäische Gebirge auch das helvetische oder schweizerische Alpen-Gebirge, weil ein Theil des helvetischen oder schweizerischen Landes und Volkes auf den Höhen, insonderheit aber in den Thälern und auf den Abhängen desselben liegt und wohnt. — Da nun aber die Helvetier oder Schweizer ihrer Abstammung, Sprache und Sitte nach Deutsche (Germanen) sind, so läßt sich das südeuropäische Alpengebirge auch das süddeutsche Alpen- oder süddeutsche Hochgebirge, im Gegensatz des nordeuropäischen (und norddeutschen) oder des scandinavischen, zwischen Norwegen und Schweden, vorzugsweise aber das deutsche Hochgebirge nennen; wenigstens hieß in den ersten Jahrhunderten nach Christi Geburt bis tief in das Mittelalter hinein alles Land im Norden der Alpen (zwischen Rhein, Donau, Elbe, Oder, Weichsel bis zu den nördlichen Meeren) Deutschland (Germanien, Teutonien), so wie Italien das Ausland oder Wälschland. Daß dasselbe ein Hochgebirge ist, zeigen die hohen Gipfel oder die einzelnen hochaufragenden, mit ewigem Schnee und Eis bedeckten Berge desselben, wie der Orteles, der Montblanc, welche sich zu einer (absoluten Höhe von beinahe 15000 Fuß erheben (zu $\frac{2}{3}$ einer deutsch. M.) und demnach die höchsten Berge von Europa überhaupt sind. Aber nicht bloß diese einzelnen Berge, sondern alle Reihen, Gruppen und Massen derselben mit ihren Seiten, Abhängen, Thälern, Seen u. s. w. bilden das **Alpengebirge** oder das Alpenland, welches einen Erdraum von ungefähr 5000 Quadrat-Meilen einnimmt, weshalb man denn auch schweizerische, italienische, französische und östreichische Alpen und Alpenlandschaften unterscheidet oder unterscheiden kann. — In dieser Ausdehnung erscheint das Alpenland, von seiner Mitte, zwischen dem 45 — 46° N. Br., etwa von dem St. Gotthardt, einem Gebirgsstocke, aus, an dessen Fuße der Rhein und die Rhone entspringen, übersehen und betrachtet, in folgende Naturgrenzen eingeschlossen. Im Süden sind es die nördlichen Küsten des adriatischen und mittelländischen Meeres, so wie die oberitalischen Seen oder eine Linie vom Meerbusen von Triest und Genua über den Lago Maggiore und obern Po bis zum Meerbusen von Genua und der untern Rhone; — im Westen derselbe Strom mit seinem Thalwege, denn bis gegen das Rhonethal hin (untere) erstrecken sich die Alpen mit ihren westlichen Zweigen; so wie ferner die westlichen Schweizer-Seen, der Genfer- und Neufchateler-See und die östlichen Abfälle des Jura-Gebirges, welches hier die Grenze zwischen Helvetien und Frankreich macht (Burgund). Im Norden macht die Grenze des Alpenlandes eine schräge Linie (in Gedanken gezogen), welche vom Genfer-See aus oberhalb des Vierwaldstädter- und Züricher-Sees bis zum Bodensee und zum Rhein geht. Im Osten ziehen sich die Alpen südwärts der Donau längs den Flüssen (Nebenfl. der Donau und Alpenströme) Inn im N. W. und Drau und Sau im S. O. bis zu dem Neusiedler- und Platten-See im ungarischen Tieflande hin, so daß die Städte Lyon, Genf, Bern, Basel, Schaffhausen, Passau, Linz, Wien, Esseck, Semlin, Verona, Turin u. a. einzelne Endpunkte des Alpenlandes bezeichnen würden.

Hieraus folgt, daß das Alpenland vom Westen nach Osten seine weiteste Ausdehnung und dorthin zugleich seine breitesten Abfälle und Verflächungen hat, indem die tiefe Ebene des Neusiedler- und Platten-Sees sich auch über die Donau und Theiß fortzieht bis zu dem Fuß der Karpathen, also zu einem großen Tieflande, dem ungarischen, sich erweitert, während im Westen der Abfall des Gebirges zur Rhone kürzer und steiler, gerade wie im Süden, ist, wo der Po-Fluß in Oberitalien bereits in der Ebene liegt. Jedoch ist diese Ebene eine Hochebene, ein Plateau, von ungefähr 10000 — 12000 Fuß, das oberitalische oder lombardische genannt, mit der Hauptstadt Mailand (45° N. Br.).

Ein ähnliches Plateau breitet sich im Norden der Alpen zu beiden Seiten der Aar, eines Nebenflusses des Rheins, und zwischen dem Rhein und Bodensee bis zur (mittlern) Donau (Regensburg und Passau) aus. Jenes heißt das helvetische Plateau und ist ein Theil des Schweizerlandes mit der Hauptstadt Bern; dieses das baierische Plateau mit den Städten München (Hauptstadt von Baiern), Augsburg (im Lechfelde).

Anmerkung. Das Alpenland ist überall gespalten und zerklüftet (durch uralte Erdrevolutionen) und dadurch zugänglich und wegsam, so wie in den Thalsenkungen culturfähig geworden. Die natürlichen Spaltungen und Senkungen des Gebirges hat die Kunst benutzt und zu Straßen (Passagen) erweitert, daher die Alpenpässe und Alpenstraßen (Gotthard, Simplon, Bernhard u. a.), welche eben so viele Militär- und Handelsstraßen sind und Deutschland, Frankreich, Italien verbinden.

§. 57.

Das Alpengebirge ist zwar das höchste, aber nicht das einzige Gebirge von Westeuropa, wiewohl es mit den übrigen Gebirgen entweder gar nicht, oder unscheinbar zusammenhängt. Zwei Alpenströme aber sind es, welche in die dem Alpengebirge zunächst liegenden Gebirge führen, die Rhone und der Rhein, und da das Alpengebirge selbst nun ein deutsches Gebirge — die Heimath der jetzigen Schweizer, Tyroler, Steiermärker, Oestreicher u. s. w. — ist, so können die demselben benachbarten Gebirge keine andern als solche sein, in und an welchen ursprünglich deutsche Völkerschaften theils seßhaft waren, theils noch sind, zumahl wenn es wahr ist, was die Geschichte lehrt, daß die (italischen) Römer alle von den Alpen nordwärts wohnenden Völker die nördlichen Barbaren oder Germanen etwa in dem Sinne nannten, in welchem die Franzosen vor 100 Jahren von den bêtes du Nord sprachen. Darum nennen wir jene Gebirge, welche die Alpen zunächst umlagern (im Halbkreis — ähnlich der Bogenform des Hochgebirges) gleich vor weg deutsche und zwar mittelhohe deutsche Gebirge (deutsche Mittelgebirge), weil sie dem Hochgebirge an Höhe weit nachstehen, nirgends die Schneelinie erreichen, also gar nicht die Natur der Alpen haben (Eisberge, Eisfelder, Gletscher). Es sind diese Gebirge aber keine andern, als diejenigen, welche

a) jenseit der Rhone (im W. oder auf der rechten Seite des Stromes)
b) jenseit und diesseit des Rheins und
c) zu beiden Seiten derjenigen Flüsse liegen, welche von S. nach N. das Mittelland des westlichen Europa — das eigentliche Deutschland — durchziehen, indem sie

auf jenen Mittelgebirgen entspringen und in die nördlichen Grenzmeere Deutschlands fallen — also die Gebirge der Weser, der Elbe, der Oder.

Jenseit der Rhone nämlich liegen (im südlichen Frankreich) die Gebirge von Auvergne und die Sevennen; nördlich davon, jenseit des Rheins (mittlern), die Vogesen; nördlich und nordw. von diesen gegen den Niederrhein hin und zwar jenseit desselben das Eifel- und Ardennen-Gebirge, so wie diesseit des Rheins der Westerwald, das Sauerland u. s. w. — Von dem Alpengebirge aus betrachtet (St. Gotthard) liegen demnach diese Rhone- und Rhein-Gebirge gegen Westen (und N. W.). — Die übrigen ziehen sich in weitern Abständen von Osten und der untern Donau her zwischen den Quellen des Dniester, der Theiß, der Weichsel über die obere Elbe, die Saale bis zur Weser und heißen Karpathen, Sudeten, Erz- und Fichtel-Gebirge, Thüringer-Wald, Harz- und Weser-Gebirge. — Demnach zerfallen alle die deutschen Mittelgebirge, welche die Alpen umgeben, in eine westliche und eine östliche Reihe oder Gruppe, und zwar so, daß sie im Norden bei der Weser zusammen treffen, die ungefähr in der Mitte zwischen dem Rhein im W. und der Oder im O. ihren Lauf zur Nordsee nimmt.

Alles Land nun, was zwischen den Alpen (dem Hochgebirge) im Süden und jenen Mittelgebirgen im W., O. und N. eingeschlossen liegt, ist eine Art von Hochland d. h. ein zwar höher als 1000 Fuß gelegenes, jedoch nicht durchweg ebenes, sondern theilweise wieder gebirgiges, von Gebirgen durchzogenes Hochland, und zwar heißt dasselbe das westeuropäische oder deutsche, germanische Hochland, weil es das größte in Westeuropa (fast $\frac{2}{3}$ desselben) und von deutschen (oder ehemahls deutschen, wie z. B. den fränkischen) Völkern bewohnt, überdies die wahre Mitte von Europa und wegen seiner schönen gemäßigten Naturverhältnisse das gediegenste Culturland der alten Welt ist. Die Berge aber, die dasselbe durchziehen und theilweise bedecken, sind von Westen nach Osten der Schwarz- und Odenwald, der Jura und rauhe Alp, der Böhmer-Wald, ebenfalls Mittelgebirge von 2000 — 4000 Fuß Höhe, zwischen welchen breite Ebenen lagern, die zusammengenommen das Plateau (die Hochfläche) von Deutschland bilden oder die Hochebenen von Helvetien, Schwaben, Franken, Baiern, Hessen u. s. w. In so fern nun zwischen den Alpen im Süden und den Mittelgebirgen im N. (zunächst dem Schwarzwalde, dem Jura, dem Böhmerwalde) der größte Strom des westlichen Europas, die Donau, vom Schwarzwalde im W. aus gegen O. auf dem westeuropäischen und deutschen Plateauland fließt, kann man sagen, daß dieser Strom eine Art Grenzstrom zwischen dem Hoch- und Mittelgebirgs-Lande des westlichen Europas ist.

Und wie nun die Donau ungefähr in der Mitte zwischen den Hoch- und Mittelgebirgen fließt, so strömt der Rhein in entgegengesetzter Richtung von O. nach W., anfänglich im hohen Alpenlande, hernach (von Basel aus, 47° N. Br.) von S. nach N. zwischen den Mittelgebirgen (den westlichen) hin; so wie die Weser, Elbe und Oder von denselben herabströmen, sie zum Theil durchbrechend, und so von S. nach N. nach Außen hin in das deutsche und baltische Meer abfließen, was in der Richtung von O. nach W. auch bei der Garonne und Loire der Fall ist, die von Mittelgebirgen jenseit der Rhone (Sevennen) in das atlantische Meer einströmen.

Alles übrige Land nun des westlichen Europas (mit Ausschluß der Halbinseln), was jenseits oder im N., O. und W. der oben im Allgemeinen bezeichneten Mittelgebirge nach den Meeren zu liegt, ist kein Hochland mehr, sondern niedriges Küstenland oder ein eigentliches Flach- und Tiefland und zwar das westeuropäische.

Anmerkung. Westeuropa zeigt demnach in der Bildung seiner Oberfläche 3 besondere Formen:
a) ein Hochgebirgsland,
b) ein Mittelgebirgsland,
c) ein Flach- und Küstenland —
außer den durch abgesonderte Gebirge eigenthümlich gestalteten Halbinseln. Die Auffassung und Unterscheidung derselben gehört — propädeutisch — in den Elementarunterricht.

§. 58.

Das westliche Europa oder West-Europa beginnt demnach westlich vom schwarzen Meere und den ihm aus Osteuropa zuströmenden Flüssen (Siehe §. 10.) mit den Gebirgen, welche sich zu beiden Seiten der aus dem Innern von West-Europa majestätisch herströmenden Donau (Mündung ungefähr 46° N. Br.) erheben, nämlich mit den Karpathen im Norden der Donau und dem Balkan (Hämus) im Süden der Donau. Beide Gebirge nähern sich da am meisten und verengen den Strom, wo die Stadt Orsowa in Serbien liegt (45° Br. 40° L.).

Alle südwärts von der Donau (in ihrem untern Lauf) gelegenen und von dem Balkan bedeckten und durchzogenen Länder bilden Ein zusammenhängendes Ganze, ein großes Halbinsel-Land, die Halbinsel Balkan (Hämus), das alte Macedonien, Illyrien, Thrazien, Thessalien und Griechenland.

Alles Land dagegen, welches dem vorigen gegenüber im Norden, Osten der untern Donau liegt, heißt das Karpathen-Land oder Ungarn (Pannonien), Siebenbürgen (Transsylvanien) und ist theils Hoch- und Gebirgsland, wie im N. und O., theils tiefe Ebene und Fläche (Tiefland, der Viehzucht vorzüglich günstig — Nieder-Ungarn —), besonders zu beiden Seiten der Theiß, eines Zuflusses der Donau aus Ober-Ungarn.

Da, wo die Karpathen von der hohen Mitte aus betrachtet, im S W. den Alpen sich nähern, ungefähr unter dem 48° N. Br. zwischen Wien und Preßburg oder bei dem Eintritt der Donau in die Ebene von Ungarn, mündet in dieselbe ein kleiner Fluß, die March, ehemahliger Grenzfluß zwischen dem deutschen Reiche und den slavischen Ländern im O. von Europa. — Die Quellen dieses Flusses liegen nördlich (oberhalb Olmütz) an einem Gebirge, welchem auch 2 andere, und zwar größere Flüsse entquillen; dasselbe heißt mit seinem allgemeinen Namen die Sudeten; jene beiden Flüsse aber Oder und Elbe.

Dasselbe erhebt sich zwischen den Quellen dieser Ströme und ihrer Gebiete nordwestlich von den Karpathen und bildet wie diese mit seinen Abfällen und Verflächungen im S. das Sudeten-Land, welches im N. unterhalb Dresden (51° N. Br.) von dem Elbstrom durchbrochen wird, welcher aus dem Innern des Landes einen Zufluß empfängt, die Moldau.

Die Hauptheile des Sudeten-Landes heißen: Böhmen, Mähren, (ein Theil von Sachsen), die Hauptheile des sudetischen Gebirges: das Riesengebirge (mit dem Oberlausitzer Gebirge) im Osten der Elbe, das Erz- und Böhmische-Waldgebirge im Westen der Elbe.

§. 59.

Wie die Donau aus Ungarn und den Karpathen her die Theiß empfängt, so nimmt sie von der entgegengesetzten (rechten, Seite her zwei andere Flüsse auf, ungefähr in derselben Gegend (unter dem 45° zwischen Esseck — Semlin), die von den Alpen, dem Hauptgebirge Europas, (westwärts her) der Donau zuströmen, die Sau und Drau. Das von beiden Flüssen eingeschlossene Land heißt (seinem Hauptheile nach) Slavonien, so wie das nördlich von der Drau bis zur Donau gelegene Land (mit dem Platten- und Neusiedler-See) einen Theil von Nieder-Ungarn bildet.

Aus diesen beiden Landschaften zwischen der Donau und dem adriatischen Meere (da, wo die Vorhöhen des Hämus beginnen) erhebt sich nun jenes Hauptgebirge des westlichen Europas, das Alpen-Gebirge, gegen die Quellen der Drau und Sau hin, immer westwärts, im N. der italischen Halbinsel zwischen dem adriatischen Meerbusen und dem (westlichen) Mittelmeer bis zu den Quellen des Rheins und der Rhone, welche in der Mitte des Gebirges entspringen.

Das Gebirge selber heißt, wie bereits bemerkt, das Alpen-Gebirge (das südeuropäische), ein Hochgebirge, welches westwärts sich fortsetzt bis zur untern Rhone (in Frankreich), nördlich bis über den Rhein und zu den Flüssen (in ihrem Oberlauf), welche der Donau zuströmen (z. B. Inn mit der Salza), südwärts bis zu der obern Etsch und zum Po (in seinem Oberlauf), zwei italiänischen Alpenflüssen — demnach einen Flächenraum von 5 — 6000 Quadrat-Meilen einnimmt (wie die brandenburgisch-preußische Monarchie). Alles Land nun, welches von den Alpen bis zu dem Hämus, den Karpathen und Sudeten im Osten, der Rhone und dem Rhein — im Westen, so wie im Norden bis zu einer langen und schmalen Halbinsel zwischen der Nord- und Ost-See, bildet einen Haupttheil von Westeuropa und zwar denjenigen, welcher von Völkern deutschen oder germanischen Stammes bewohnt und beherrscht wurde und noch wird.

Der Donaustrom fließt auf einer hohen Ebene in der (südlichen) Mitte dieses Landes und durchschneidet dasselbe von Westen gegen Osten bis unterhalb Wien oder dahin, wo die March und Raab in denselben fallen, und die Sau und Drau in ihrem Zufluß zur Donau sich einander nähern, überhaupt da, wo slavische Sprachen und Lebensweisen beginnen.

Der Rhein war der Uebergangs- und Verbindungsstrom zwischen den germanischen und gallischen Völkern, später der Kampfplatz und die Wahlstatt zwischen den Deutschen und Franken (Franzosen), daher die Gebiete längs demselben zwischen beiden Nationen getheilt sind (der Rhein Deutschlands Strom, nicht Deutschlands Grenze).

Alle übrigen Flüsse und Gebiete des bezeichneten Länderraums — also vom Rhein in W. bis zur (slavischen) polnisch-russischen Weichsel im Osten sind, wie die Weser, Elbe, Oder, rein deutsche Ströme von Anfang der neuern geschichtlichen Zeit an gewesen, oder sind es später geworden.

Anmerkung. Die eigentlichen Grenzen Deutschlands gehen natürlich und gingen geschichtlich über den Rhein bis zu den wasserscheidenden Mittelgebirgen Jura, Vogesen, Ardennen u. s. w. Denn wie die Schweiz, so waren Burgund, Elsaß,

Lothringen, Belgien, Holland u. s. w. ursprünglich deutsche Länder und blieben es Jahrhunderte hindurch.

§. 60.

Da, wie der Rhein von S. nach N., so auch die Weser, Elbe, Oder in die nördlichen Meere fließen (jene in die Nordsee — die Oder in die Ostsee), die Flüsse aber in der Regel da entspringen, wo der Boden eine Erhebung hat: so folgt, daß, während die Alpen gegen das südliche (oder östliche) Uferland der Donau (mittlern) sich absenken und verflächen (München an der Isar in einer Ebene 1550′ hoch gelegen), der Boden des deutschen Landes gegen Norden wieder aufsteigt und Quellgegenden und Wasserscheiden bilden müsse. Und so ist es auch in der Natur! Denn aus der Donau-Ebene (oberhalb Regensburg) erhebt sich zunächst die fränkische Höhe zum Fichtelgebirge, welches die Quellen des Main, der Saale und Eger trägt und östlich mit dem Erzgebirge und Thüringerwald, westlich mit dem Frankenwald, dem Harz-, Rhön- und Vogels-Gebirge zusammenhängt.

Diese Gebirge (ungefähr unter dem 50° N. Br.), in deren Mitte die Weser am Frankenwalde aus der Werra entspringt (nördlich mit der Fulda vereinigt), bilden eine Art von natürlicher Grenze zwischen dem Norden und Süden des deutschen Landes und Volkes oder scheiden dasselbe in ein Süd- und Nord-Deutschland, ein Unterschied, welcher, wie im Boden und Klima, so auch in der Sprache (Mundart), Religion, in Sitten und Lebensweise der Süd- und Norddeutschen begründet ist. Denn mit Ausnahme des gegen die Elbe hin liegenden Harzes (Stadt Goslar) und des Weser-Gebirges (Minden, Weser-Pforte, porta Westphalica), ist alles von jenen Mittelgebirgen gegen die Küsten und Meere hin gelegene Land flach und tief gelegen oder ein flaches Tiefland.

§. 61.

Wie im Norden der Donau, so erhebt sich auch im Westen der Rhone ein mittelhohes Gebirge, ein Mittelgebirge, die Sevennen und das Auvergner-Gebirge, welche von der Küste des mittelländischen Meeres (wie die Alpen, von welchen sie das Rhonethal scheidet) aufsteigen, etwa unter dem 44° N. Br., und den südlichen Theil des Landes bedecken, welches die Römer von Italien aus (durch Cäsar) eroberten und Transalpinien oder das jenseitige Alpenland nannten.

Es ist dies ein Theil des heutigen Frankreichs und nächst Deutschland der wichtigste Theil von Westeuropa, von einem ursprünglich deutschen Volke, nach den Römerzeiten, (den Franken) erobert, seit 500 v. Chr. also ein römisch=deutsches oder romanisches Land. Da dasselbe größtentheils jenseit des Rheins liegt, so heißt es auch das Land jenseit des Rheins Transrhenanien. Dasselbe verflächt sich insonderheit gegen N. und W. (gegen den Canal und das atlantische Meer hin), und zwar so, daß aus den südwestlichen Flächen desselben (von dem Garonne=Strom durchzogen, wiederum ein mächtiges Gebirge, das pyrenäische, aufsteigt. Alles in W. und S. der Pyrenäen (eines Hochgebirges) liegende Land war zu den Zeiten der Römer (wie Gallien oder Frankreich) von gallischen oder keltischen Völkerschaften bewohnt (zum Theil von den Iberern) und hieß daher Celtiberien, später Spanien. Erobert wurde dasselbe bereits früher, als Gallien, oder vor den Zeiten des Julius Cäsar, nämlich im Verlauf der punischen Kriege seit 200 v. Chr.

§. 62.

Das Alpengebirge fällt von seiner Mitte aus, da, wo die Quellen des Rheins und der Rhone liegen (St. Gotthard), gegen Norden hin (N.W.) allmählig ab, in der Richtung zweier Flüsse, der Reuß und Aar, welche dem Rhein zuströmen. Alles Land nun, theils Gebirgs=, theils hohes Flachland, was sich zu beiden Seiten dieser Flüsse im S.W. bis zum Genfersee, im N.O. bis zum Bodensee, im N. bis zum Rhein (und theilweise darüber hinaus) ausbreitet, heißt mit einem allgemeinen Namen Helvetien oder die Schweiz. Helvetien ist demnach eine Gebirgs= und Stufenlandschaft des südeuropäischen Alpengebirges (ungefähr wie Nepaul, Kaschmir u. a. Terrassenlandschaften des südasiatischen Alpengebirges sind). Dasselbe (700 — 800 Quadrat=Meilen gr.) zerfällt in mehrere kleinere Berg= und Thal=Landschaften und Gebiete (Gaue, Cantons), die theils in den Hochgebirgen, theils in dem sich vorgelagertem Flachlande liegen. So liegt z. B. in O. des helvetischen Landes am Rhein der Canton Graubündten mit dem Hauptort Chur (über 2000′); so westlich davon gegen die Mitte hin an einem Landsee (Vierwaldstädter=See) der Canton Schwytz; so ferner im S.W. an der Rhone mitten im Hochgebirge der Canton Wallis; und da, wo die Rhone aus einem Landsee, dem Genfersees tritt, der Canton Genf zwischen den Alpen und dem Jura=Gebirge, auf der Grenze von Frankreich, mit dem Hauptort gleiches Namens. So liegt und zwar zum Theil in der Ebene längs der Aar der Canton Bern mit dem Hauptort gleichen Namens an der Aar. Und wie der Canton Genf den südwestlichsten Theil der

Schweiz einnimmt, so füllt der Canton **Basel** die **nordwestlichste** Ecke, denn er liegt da, wo der Rhein, welcher das Land auf der Ost- und Nord-Seite umfließt, aus dem Alpengebirge heraustritt und zwischen dem Jura- und Schwarzwalde in nördlicher Richtung nach **Strasburg** fließt, also die Grenze zwischen Frankreich (Elsaß) und Deutschland (Baden) macht.

Anmerkung. Die Schweiz ist sowohl von **Natur** (als ein schönes und erhabenes Gebirgs- und Alpenland — daher der Zielpunct der europäischen Reisenden —), als auch in ihrer geschichtlichen Entwickelung seit 1308 ein höchst **merkwürdiges** Land, das Vaterland Tells, Winkelrieds und anderer Freiheitshelden und großer Männer (Zwinglis, Calvins).

§. 63.

Oestlich von **Graubündten** und der Schweiz (oder dem Rheinthal), da, wo die Quellen mehrerer Flüsse liegen, insonderheit der **Inn**, der **Etsch** und der **Drau**, erhebt sich eine andere Berglandschaft der Alpen (Alpenlandschaft), **Tyrol** (ein Theil des alten Rhätiens), um einige 100 Quadrat-Meilen kleiner als die benachbarte Schweiz, mit dem über 14000 Fuß hohen Berge Orteles (Ortels-Spitze) (zwischen den Inn- und Etschquellen) und den Städten **Innspruck** im N. an dem Inn und **Trident** im S. an der Etsch, — ein ursprünglich deutsches und auch jetzt noch ein zu den deutschen Ländern des östreichischen Kaiserthums gehöriges Land. Da dasselbe ein Hochland ist, so macht es einen **Hauptheil** von **Oberöstreich** aus und bildet, zwischen Italien und Deutschland (Baiern) gegen die Schweiz hin gelegen, eine **Schutzwehr** der östreichischen Monarchie von dieser Seite.

Anmerkung. Auch Tyrol (ein Theil des römischen Rhätiens) hat Schweizer-Natur und eine der schweizerischen ähnliche historische Entwickelung.

Im N.O. der Berglandschaft **Tyrol**, längs der Salza, welche, ein Nebenfluß des Inn, mit demselben bis zur Einmündung parallel fließt, erhebt sich eine kleinere **Alpenlandschaft**, nämlich **Salzburg** mit der Hauptstadt gleiches Namens an der Salza (in einem Thale, daher nur an 1500 Fuß hoch über dem Meere), während andere Ortschaften sich zu 2000 Fuß Höhe und darüber (die Berge zu 6 — 8000 Fuß) erheben, — ebenfalls ein östreichisch-deutsches Land, zugleich auch das Quellland des **Muhr-Flusses**.

Zur Zeit der Römer war Salzburg ein Theil von **Noricum** und die Stadt gleichen Namens eine römische **Colonie** (Juvavia). Gegenwärtig — als Bestandtheil der östreichischen

Monarchie — gehört es seiner natürlichen Lage und Beschaffenheit nach zu Oberöstreich.

§. 64.

Da, wo die Salza zum Inn und der Inn zur Donau fließt, beginnt rechts oder östlich von diesem Fluß (Passau — Baiern) das eigentliche und ursprüngliche österreichische Land, das Erzherzogthum Oestreich, und breitet sich von da zu beiden Seiten der Donau und der Ens (Alpenzufluß der Donau) bis zu den kleinen Zuflüssen derselben, der March und Leitha, aus: keine Berg= und Alpenlandschaft mehr, sondern theils Stufen=, theils Flachland (daher auch Niederöstreich genannt), von den letzten Zweigen der Alpen durchzogen, — denn die Hauptstadt Wien (Vindobona) liegt im Donau=Thale (unter dem 34° N. Br. mit $\frac{1}{3}$ Mill. Bewohnern) noch keine 500 Fuß hoch, und Linz, die nächst größte und wichtigste Stadt, nur um 200 Fuß höher, weil sie westlich von Wien (und der Ens) dem Gebirge näher liegt.

Südlich vom Erzherzogthum (oder von Nieder=) Oestreich oder zu beiden Seiten der Muhr, welche in den Salzburger Alpen entspringt und ostwärts der Drau, einem Nebenflusse der Donau, zufällt, erhebt sich bis zu einem andern südlichern Nebenflusse der Donau, der Sau, die Alpenlandschaft Steiermark, halb so groß, als die Schweiz, mit der Hauptstadt Grätz an der Muhr; dies ist die östlichste Landschaft des Alpengebirges, jenseit welcher (im O.) das tiefe und flache Ungarn um den Platten=See her sich ausbreitet.

Die steierische Mark (Steiermark) nebst den angrenzenden (südlichen) Landschaften (Kärnthen, Krain) bildet das sogenannte Inneröstreich und war, wie Oberöstreich, ein Bestandtheil des altrömischen Noricums.

§. 65.

Im W. und S. von Steiermark, an der aus Tyrol her fließenden Drau, erhebt sich die kleinere Alpenlandschaft Kärnthen, im W. von Tyrol, im N. von Salzburg eingeschlossen, mit den Städten Villach und Klagenfurth, in der Nähe der Drau, von welchen jene über 1400 Fuß hoch liegt.

Südlich von Kärnthen an der obern Sau, welche mit der nördlichen Drau parallel läuft, erhebt sich ein ungefähr eben so großes Gebirgsländchen, Krain genannt, die südöstlichste Alpenlandschaft — die sich südwärts bis zu der Halbinsel von Triest oder Istrien erstreckt — mit der Hauptstadt Laibach in der Nähe der Sau (südlich davon der Zerknitzer See und die Adels=

berger Höhlen). — Endlich die wichtigste Stadt, Triest an der Bai, welche die Halbinsel Istrien bildet (Fiume gegenüber), Haupthandelsplatz mit beinahe 30000 Einw.

Anmerkung. Kärnthen, Krain, Triest u. s. w. sind die Hauptstädte des östreichischen Königreichs Illyrien oder des Alpenlandes (Terrassenland) von der obern Drau und Sau bis zur Halbinsel Istrien.

Von Krain aus setzen sich die Alpen (Ostalpen) noch in einzelnen Zügen gegen O. bis zur Donau und gegen S. bis zur adriatischen Küste fort und bedecken und bilden ein von slavischen Völkerschaften bewohntes, sehr fruchtbares Land, Slavonien, d. h. das Slavenland, welches sich in seiner weitesten Ausdehnung (südwärts von Oestreich und Ungarn) von der Drau und Sau da, wo sie sich von Kärnthen und Krain aus einander nähern, bis zu ihrer Einmündung in die Donau, und von da südlich zwischen der Kulpa und Unna, Nebenflüssen der Sau, bis zu der Küste des adriatischen Meeres erstreckt, welche Dalmatien heißt.

Dieses so begrenzte Land der südlichen Slaven zerfällt:

a) in das eigentliche Slavonien, zwischen der untern Drau und Sau bis zur Donau, tief gelegen, mit der Hauptstadt Esseck an der Drau, unfern der Mündung in die Donau. Südlich davon nach der türkischen Grenze Semlin, beim Einfluß der Sau in die Donau.

b) in das höher gelegene Croatien (westlich von Slavonien) mit der Hauptstadt Agram (oder Zagrab) an der Sau.

Beide Theile zusammen genommen haben einen Flächeninhalt von ungefähr 600 Quadrat-Meilen (sind also etwa 100 Quadrat-Meilen größer, als Tyrol).

Die wichtigste und merkwürdigste Stadt in ganz Slavonien und Croatien ist übrigens Semlin, als Stapelplatz zwischen Wien und Constantinopel, an der Donau, da, wo sie die Grenze gegen Ungarn macht, unweit des Einflusses der Sau in dieselbe, wo die Hauptstadt des Serbenlandes (Serviens) Belgrad liegt.

Uebrigens gehört Slavonien seiner natürlichen Lage und Beschaffenheit nach zu Ungarn (Pannonien), d. h. Nieder-Ungarn oder der großen Niederung und Landessenke zwischen den Alpen im W. den Karpathen in N. und O. und dem Hämus im S. — längs der untern Donau (und Theiß) von Wien bis Orsowa. — Die Römer namentlich rechneten Slavonien zu Pannonien und nannten es das Flußland oder das Land der beiden Flüsse (Dravus und Savus), Interamnia (eine Art von Mesopotamien).

Anmerkung. Slavonien und Croatien, besonders die Donau-Ufer (Belgrad, Semlin u. s. w.), waren der Schauplatz heftiger Kämpfe und Kriege zwischen den türkischen Sultanen und Oestreich (Ungarn); daher auch noch das Bestehen der sogenannten Militär-Grenze (einer Linie von festen Plätzen, worunter Semlin, mit stehenden Milizen — zwischen Ungarn (im weitern Sinne) und der Türkei — eine Art Kriegs- und Pest-Cordon.

§. 66.

Auch im Westen der eigentlichen Alpen, d. h. des Hochgebirges derselben (der Mittelalpen), von dem Montblanc bis zur Rhone breiten sich mehrere Landschaften aus, die, weil sie die Natur und den Charakter des Alpengebirges haben, mit Recht Alpenlandschaften genannt werden. Sie unterscheiden sich jedoch in volksthümlicher Beziehung von den östlichen Alpenlandschaften, die deutscher Art und Zunge sind, und heißen daher die italienisch-französischen. Ihre Namen sind folgende: Piemont, Savoyen, Dauphine und Provence. Von diesen sind die beiden ersten gegenwärtig italienische Landestheile (Grenzprovinzen gegen Frankreich — Königl. Sardinischer Hoheit), die beiden letztern Bestandtheile der französischen Monarchie — zur Zeit der Römer waren sämmtliche vier Landschaften Theile des römischen Galliens.

Da, wo der Po oder Padus entspringt, am Alpenberge Viso, liegt längs dem Laufe dieses Stromes, gegen Osten bis zum Alpensee Lago maggiore und dem Tessino-Fluß hin (Nebenfluß des Po), rings von hohen Bergen umschlossen, die Alpenlandschaft Piemont, d. h. die am Fuß des Gebirges gelegene (au pied du mont), mit der Hauptstadt Turin (45° N. Br.) im Po-Thal (über 800′ hoch) (Einwohner 100000) und der Seestadt Nizza. Piemont macht die westlichste Provinz Italiens aus (Grenzprovinz gegen Frankreich) und ist etwas größer, als Tyrol. Desto kleiner ist das im N. W. davon oder westlich vom Montblanc und Mont-Cenis bis zum Genfer-See hin gelegene Savoyen, die nordwestlichste Grenzprovinz Italiens gegen Frankreich, die Heimath der Savoyarden, mit der Hauptstadt Chambery — ungefähr in der Mitte zwischen Genf und Grenoble über 800 Fuß hoch gelegen und — dem Chaumouni — Eisthal, über welches der Montblanc sich erhebt.

Anmerkung. Außer den Bergpyramiden, welche P. und S. auf mehreren Seiten einschließen, und den hohen Alpenstraßen (Cenis und Bernhard) sind die evangelischen Christen (die Waldenser) in Piemonts Thälern die bemerkenswertheste Eigenthümlichkeit.

Da, wo ein kleiner Fluß — die Isère — aus den Alpen heraus tritt und der Rhone zueilt, im S. von Savoyen und im W. von Piemont, liegt die kleine französische Berg- und Stufenlandschaft Dauphine, mit der Hauptstadt Grenoble, fast 1000 Fuß hoch über dem Meere.

Südlich davon, längs dem kleinen Alpenflusse Durance, bis zur Rhone und zum Meere hin breitet sich eine etwas größere französische Landschaft aus, welche vorzugsweise die Provinz oder Provence heißt, weil es die von den Römern zuerst in Gallien, dem heutigen Frankreich, besetzte Provinz (Provincia) war, mit den beiden Städten Aix und Marseille, von welchen die letztere, als große See- und Handelsstadt am Busen von Lyon, die älteste, berühmteste und wichtigste ist, mit 120000 Einwohnern (vergl. §. 67.).

§. 67.

Frankreich (das Reich der Franzosen — seit der Völkerwanderung, vorher und unter den Römern das Land der Gallier oder Kelten — Gallia) — von dem Rhein und den diesen Strom im W. begleitenden Gebirgen (Mittelgebirgen) bis zu dem Hochgebirge der Pyrenäen in Südwesten — zwischen dem Mittel- und Atlantischen Meere und dem Kanale — im S. W. und N. sich erstreckend — (also zwischen Italien, Schweiz, Deutschland, Niederlanden) — ist theils ein Hochland, theils ein Flach- und Küstenland. Das Hoch- und Gebirgsland liegt im Allgemeinen auf der Ostseite oder in der östlichen Hälfte des Landes und gehört theils zu dem (westlichen) Alpengebirge, theils zu den Mittelgebirgen Europas. Dasselbe läßt sich in vier besondere Massen oder Gruppen auffassen und betrachten als eigentliches Alpenland (Westalpenland), als Auvergne- und Sevennenland — als das Gebiet der Vogesen und Ardennen — als Flach- und Küstenland.

Das französische Alpenland begreift einen Theil der westlichen Alpen, und zwar den äußersten westlichsten und niedrigsten Theil derselben, welcher sich im Westen von Italien, von Savoyen und Piemont bis gegen die Rhone hin (Avignon — der Berg Ventoux) — südwärts bis zu dem Alpenfluß Durance, nordwärts bis zu der ebenfalls in den Alpen entspringenden Isère erstreckt. In dieser natürlichen Umgrenzung schließt das französische Alpen-Gebiet die beiden Provinzen Provence im S. und Dauphine im N. ein mit den im §. 66. genannten Städten.

Uebrigens war dieses französische Alpenland zur Zeit der Römer und bis zu dem Umsturz des römischen Reiches eine römische Provinz (Provincia romana), d. h. die erste römische Provinz in Gallien, welches Julius Cäsar seit 50 v. Chr. völlig eroberte, ward aber seit dem Untergang des weströmischen Reiches durch die Völkerwanderung ein deutsches, und zwar ein burgundisches Land, ein Theil des Burgundischen Reiches, welches sich zwischen den westlichen Alpen bis zur Rhone und Saone und darüber hinaus erstreckte, mit der Residenz Arles an der Rhone.

Der zweite Hauptheil des hohen und gebirgigen Frankreichs oder des französischen Hochlandes liegt westlich vom vorigen, durch das lange und tiefe Rhone-Thal von demselben getrennt, also im südöstlichen Frankreich, und ist dasjenige Land, welches von den Sevennen und den Gebirgen von Auvergne bedeckt und gebildet wird.

Dieses Gebirge erhebt sich da, wo die beiden großen Ströme, welche das westliche Frankreich bewässern, ihren Ursprung nehmen, d. h. zwischen den Quellen der Loire und der Garonne (und Dordogne) oder da, wo die Provinzen (ehemahligen) Lyonais und Auvergne (zum Theil) liegen. Dieselben bilden mehrere Haufen oder Gruppen und auf ihren Rücken kleine Plateaux (Berg- und Hochflächen), die die eigentliche Scheitelfläche oder die Mitte des eigentlichen Hochlandes sind. Dieses, das Hoch- und Gebirgsland, fällt ab gegen Osten in das Thal der Rhone, welcher Strom die Alpen von den Sevennen scheidet, gegen Süden in die flachen Landschaften und Gebiete der Rhonemündungen und der Küste, welche mit einem allgemeinen Namen Languedoc genannt werden; dagegen senkt sich dasselbe gegen Westen und Norden nur allmählig, erhebt sich jedoch wieder im N. W. zu der Halbinsel Bretagne.

Die flache und tiefgelegene Landschaft Languedoc (das eigentliche südliche Frankreich, nebst der Provence im Osten der Rhone) setzt sich längs dem Lauf der Garonne fort bis zum Atlantischen (Aquitanischen, Biscaischen) Meere, wo in O. der Garonne die (ehemahligen) Provinzen Guienne und im W. die Gascogne liegen. Eben so setzt sich der allmählige Abfall Hochfrankreichs gegen N. W. längs der Loire fort, auf dessen linker Seite die Provinzen Touraine, Poitou (mit der durch die Revolutionskriege berühmten Vendée) liegen, als tiefe Ebenen. Endlich fällt das französische Hochland gegen N. längs der Seine in mehreren Stufen zur Küste ab. Die Seine selbst entspringt an einem durch Weinbau berühmten Höhenzuge, Côte d'or (d. h. Gold- oder Rebenhügel, — côte Seite, Lehne eines Berges) in der Provinz Bourgogne — (Städte Chalons an der

Saone, Dijon u. a. in Bourgogne oder Niederburgund; — dagegen in Oberburgund die Fest. Besançon am Doubs).

Oestlich von dem Côte d'or oder zwischen der Saone, die bei Lyon mit der Rhone zusammenfließt, und einem Nebenfluß derselben dem Doubs, erhebt sich ein anderer Theil des hohen Frankreichs, der sogenannte Wasgau, welcher aus einem Mittelgebirgslande besteht, das sich längs dem Mittelrhein hinzieht und die Provinzen Elsaß und Lothringen mit den Städten Strasburg und Nancy größern Theils bedeckt. Auf den Vogesen, und zwar am Fuß des höchsten Berges im Elsaß, ungefähr 10 — 12 Meilen östlich von der Maas-Quelle, entspringt die Mosel, welche über Metz und Trier bei Coblenz dem Rhein zufließt. Gegen Osten fällt das Mosel- oder Vogesenland in das Rheinthal, gegen Westen senkt sich dasselbe allmählig in die Ebene von Lothringen, welche weiter westwärts in die noch niedrigere Ebene übergeht, welche Champagne heißt (Städte: Rheims, Chalons an der Marne).

Anmerkung. Strasburg (jetzt Hauptstadt des französischen Departements Niederrhein) liegt unter dem 48° N. Br auf der großen Straße von Süddeutschland nach Paris, an 500 Fuß hoch, mit einem fast eben so hohen Thurme (Münsterthurm) und 50000 Einwohnern; die Lage der Stadt auch militärisch wichtig (früher der Schlüssel von Deutschland).

Westlich von der Mosel, um die Maas in ihrem untern Lauf bis gegen die Sambre, breitet sich ein anderes kleines Bergrevier aus, welches einen Theil des hohen Frankreichs bildet, nämlich der Ardennerwald, mit welchem südlich der Argonnerwald verbunden ist.

Durch die Ardennen fließt die Maas bis Maastricht, wo sie in die Ebene tritt. An derselben eine Reihe von Städten und Festungen, denn hier — im Rheingebiet (wohin die Maas und zum Theil auch die Schelde gehören) ist die natürliche Grenze zwischen Deutschland und Frankreich (im N. W.).

§. 67.

Da, wo der Rhein von seinem obern Laufe auf der Grenze der Schweiz und Deutschlandes (Würtembergs, Badens) plötzlich gegen N. sich wendet, um Deutschland und Frankreich zu scheiden (Elsaß und Baden), erhebt sich ein Mittelgebirge (ungefähr unter dem 48° N. Br., vergl. §. 8 57 und 59.), der Schwarzwald (der Stadt Basel gegenüber), welcher sich in gleicher Richtung mit dem Rhein fortzieht (20 Meilen lang) und den jenseit desselben liegenden Vogesen und die Quellen der Donau und des Neckar (Zustrom des Rheins) trägt. — Die

Gewässer beider Ströme werden durch ein anderes Mittelgebirge geschieden, die schwäbische oder rauhe Alp (deutscher Jura), welche, dem Schwarzwalde gegenüber, in nordöstlicher Richtung bis zu dem Main und der fränkischen Hochebene fortzieht.

Alles Land nun, welches an und zwischen diesen Gebirgen bis zu dem Rheinthale hin liegt, ist theils ein stufenförmiger Abfall des deutschen Landes, theils eine hochgelegene Ebene und kann unter dem gemeinschaftlichen Namen: das Plateau oder die Terrasse von Schwaben zusammengefaßt werden. Die südlich gelegenen Gebirgsgegenden heißen Oberschwaben. Gegenwärtig und politisch oder in Beziehung auf Staat und Volk besteht das schwäbische Terrassen- oder Stufenland aus zwei Gebieten, ungefähr 600 Quadrat-Meilen gr., dem Königreich Würtemberg und dem Großherzogthum Baden, jenes mit der Hauptstadt Stuttgart (unweit des Neckars, über 800 Fuß hoch gelegen; dieses mit der Hauptstadt Carlsruhe (40° N. Br.) (unfern des Rheins), jenes über — dieses an 20000 Einwohner.

Anmerkung 1. Die Gebiete des Königs von Würtemberg und des Großherzogs von Baden (zum Theil auch des Königs von Baiern) machen demnach einen Hauptbestandtheil des ehemaligen, durch Sprache, Sitte, Herrschaft u. s. w. so wichtigen und glorreichen Schwabenlandes aus, oder des spätern Schwäbischen Kreises zwischen Rhein, Neckar, Bodensee bis zum Lech (Nebenfluß der Donau in Baiern).

Anmerkung 2. Außer Carlsruhe, und noch merkwürdiger, als dieses, liegen im Badenschen — Mannheim und Heidelberg am Rhein und Neckar (in der Rheinpfalz); Constanz oder Costnitz am Bodensee beim Austritte des Rheins). Eben so in Würtemberg, außer Stuttgart, Tübingen und Heilbronn am Neckar.

Eine nördliche über den Neckar bis zum Main gehende Fortsetzung des Schwarzwaldes ist der Odenwald, Spessart vom Neckar und Main durchbrochen, einen Theil der Hessischen Lande (des Großherzogthums Hessen) einschließend, mit der Hauptstadt Darmstadt (49° N. Br.) (das östliche Uferland des Mains mit Aschaffenburg, Würzburg ist ein neuer Bestandtheil Baierns). Auf der westlichen Seite (dem w. Rande) des Odenwaldes zieht die berühmte Bergstraße (dessen höchster Punct der Melibocus) von Darmstadt bis Heidelberg am Neckar (Großh. Baden).

Nördlich vom Main (zwischen Frankfurt und Mainz) erhebt sich der Taunus (oder die sogenannte Höhe), welcher zwischen dem Rhein und der Lahn und darüber hinaus bis zum Hundsrück und Westerwalde, das reizende Nassauer-Land

(Großherzogthum Nassau) theilweise bedeckt, und mit der Hauptstadt Wiesbaden den herrlichen Rheingau (Johannisberg) und viele Mineralquellen und Gesundbrunnen enthält (Selters, Ems u. a. m.).

§. 68.

Die Alpen, insonderheit die Tyroler Alpen, senken und verflächen sich von N. gegen S. längs den Flüssen Inn, Isar, Lech (von O. nach W. geordnet), welche auf den Gebirgen von Tyrol entspringen und der Donau zufließen.

Zwischen den Ufern dieser Flüsse bis zur Donau und etwas darüber hinaus breitet sich eine ungefähr 1000 — 1500 Fuß hohe Ebene (eine Hochebene, ein Plateau) aus, in deren Mitte die Königl. Baierische Stadt München an der Isar liegt, mit 80000 Einw. (über 1500′ unter dem 48° N. Br.). — Jenseit der Donau über Regensburg hinaus setzt sich die Hochebene sanft aufsteigend in nördlicher Richtung fort; in der wieder abfallenden Mitte derselben liegt die Baierische Stadt Nürnberg an der Pegnitz. Im N. O. davon (gegen Böhmen), so wie in gerader nördlicher Richtung (gegen Thüringen), erheben sich zwei kleine Mittelgebirge, das Fichtelgebirge und der Frankenwald, von welchen jenes die Quellgegend des Mains und der Saale ist. — Diejenige Hochebene nun, welche im S. der (mittlern oder baierischen) Donau bis zum Inn und den Vorhöhen der Alpen und dem Bodensee reicht, heißt die Baierische Hochebene; dagegen die nördlich von derselben bis zum Fichtelgebirge und Frankenwalde oder bis gegen Böhmen und Thüringen hin, um den obern Main her sich ausbreitende Hochebene die fränkische genannt wird. Beide Hochebenen, von der Donau durchschnitten, zusammen genommen, befassen wir unter der gemeinschaftlichen Benennung des fränkisch-baierischen Plateaus.

Ein Theil des obern oder nördlichen Plateaus, zwischen dem Fichtelgebirge bis zur Donau, hieß sonst die Ober-Pfalz (fränkische Höhe), mit der Stadt Amberg, im Gegensatz der untern oder der Rhein-Pfalz (mit der Stadt Heidelberg).

Anmerkung. Der ehemahlige Deutsche Reichskreis — der Baierische Kreis — lag also im Osten des Schwäbischen Kreises, zwischen den Alpen (Tyrol, Oestreich) bis gegen Böhmen, und nördlich über die Donau hinaus bis zum Fränkischen Kreise, welcher die Mitte des Deutschen Reiches (um den Main hin) oder die Gegenden des Fichtel-, Thüringer-, Rhön-Gebirges u. s. w. mit den Fürstenthümern Ansbach, Bayreuth, Bamberg, Würzburg u. s. w. einnahm. Innerhalb beider Kreise liegt größtentheils das heutige Königreich **Baiern** 1500 Quadrat-Meilen gr. mit 4 Mill. Einwohnern.

§. 69.

Die auf dem **Fichtelgebirge** entspringende Eger durchbricht in ihrem Laufe gegen **Osten** ein anderes deutsches Mittelgebirge, den **Böhmer-Wald** welches in seinem südlichen Zuge die Quellen der **Moldau** enthält und bis zur Donau hin niedere Zweige ausstreckt. Längs der Moldau und Eger, welche einem größern deutschen Strome, der **Elbe**, zufließen, verflächt sich das Gebirge in eine Ebene. Diese Ebene heißt die **Böhmische Ebene**, oder, in sofern sie sich vom Gebirge aus allmählig in die Tiefe abdacht, die **Böhmische Terrasse** (der böhmische Kessel). Dieselbe setzt sich fort über die Elbe hinaus bis zu dem Fuße eines mächtig aufsteigenden Gebirges — des **Sudetischen** — mit einem allgemeinen Namen — (insonderheit des Riesengebirges), an dessen innerer oder westlicher Seite die **Elbe** entspringt, im W. der **Schneekoppe** auf der Elbwiese, so wie gegen N. über die Eger bis zu den **böhmischen Mittel- und sächsischen Erzgebirgen.**

Ungefähr in der Mitte des **Böhmischen Landes** an der Moldau, unweit des Zusammenflusses derselben mit der Elbe, liegt die Hauptstadt desselben, **Prag** (unter dem 50° N. Br. an 600 Fuß hoch).

Im S.O. der Böhmischen Ebene erhebt sich ein noch **niedrigeres Mittelgebirge**, über welches die große Straße von Prag nach Wien führt, das **Mährische**, eine Fortsetzung der Sudeten und des Riesengebirges. Dasselbe verliert sich ebenfalls gegen O. nach dem **March-Flusse** zu (einem Zufluß der Donau von den Sudeten her) in einer **Hochebene** oder einem Plateau, auf welchem die Städte **Olmütz** an der March und **Brünn** (an einem Zufl. der M.) liegen. Diese Hochebene, welche sich bis zu den Vorhöhen der ungarischen Karpathen fortsetzt, heißt das **Mährische Plateau** und bildet mit dem Böhmischen ein nur unbedeutend unterbrochenes Gesammt-Plateau, das **Böhmisch-Mährische.**

Anmerkung 1. **Böhmen** und **Mähren** oder die großen Landschaften im **Süden** der Sudeten bis gegen die Donau hin, so wie im **Norden** derselben **Schlesien** und die **Lausitz** (längs der Oder und Spree) gelten für **deutsche Länder** (ohne eigentlich deutsche **Reichsländer** zu seyn), weil sie im Osten des eigentlichen deutschen Reiches (auf der Grenze der Slavenländer) lagen, unter dem Schutz des deutschen Reiches standen, auch eine Zeit lang von deutschen Königen und Kaisern beherrscht wurden, wiewohl sie übrigens der Bevölkerung nach Slavische Länder waren (Czechen, Wlachen u. s. w) und noch sind, gemischt mit deutschen Einwanderern und Ansiedlern. Gegenwärtig gehören Böhmen und Mähren zu den Erbländern der östreichischen Monarchie, so wie Schlesien und die Lausitz der Krone Preußen.

Anmerkung 2. In so fern Böhmen im W. vom Böhmerwald, im N. W. von dem Erzgebirge, im N. O. und O. von dem Lausitzer-, Riesen- und Glatzer-Gebirge, so wie im S. O. von dem Mährischen Gebirge umgeben ist, erscheint das Innere desselben als eine kesselförmige Vertiefung, als ein Kessel, daher auch die niedrige Meereshöhe von Prag — wie im Flach- und Tieflande. —

§. 70.

Wie der eine Stammfluß der Weser am Frankenwalde entspringt — die Werra — Siehe §. 60., — so entspringt die Fulda — der andere Stammfluß — westlich davon am Rhöngebirge — also ebenfalls auf der Grenze des südlichen und nördlichen Deutschlands — oder im N. von Baiern (vom fränkischen Kreise). Da, wo die Fulda, gegen N. fließt, bis zu ihrer Vereinigung mit der Werra bei Münden (Hannöverisch) unter dem Namen Weser, breitet sich eine mittelhohe, wellenförmige Ebene aus, auf welcher Kassel an der Fulda noch nicht 500 Fuß hoch liegt. Diese Ebene heißt die Hessische Ebene und ist in so fern mit der Böhmischen zu vergleichen, als sich dort, wie hier, Gebirge aus derselben (Mittelgebirge) erheben. Die Gebirge, welche das Hessische Plateau umgeben, bedecken zum Theil das nördliche Deutschland, bis sie sich in die Flächen und Niederungen verlieren, die einen Theil der großen norddeutschen Ebene von der Elbe über die untere Weser bis zum Rhein längs dem Oberlauf und der Mündung dieser Flüsse (in die Nordsee) ausmachen. — So erhebt sich im N. von dem Zusammenfluß der Fulda und Werra oder längs der Weser das Weser-Gebirge, so im Osten längs dem rechten Ufer der Werra bis zur Saale der Thüringerwald mit dem 1500 Fuß hohen Ettersberg- (Hilburghausen, über 100 Fuß, Eisenach); so wie nördlich davon (durch das Eichsfeld getrennt) das Harzgebirge (Göttingen, Goslar); so endlich im Westen zwischen der Lippe, Ruhr und andern Zuflüssen des Rheins diejenigen Gebirge (niedere Mittelgebirge), welche einen Theil der Preußischen Provinz Westphalen und angrenzende Gebiete bedecken (Arnsberg an der Ruhr).

Diejenigen Berge, welche von der Hessischen Ebene aus gegen Norden ziehen und die Weser zu beiden Seiten begleiten, treten an die Ufer dieses Flusses, da, wo die Stadt Minden (Preußisch Minden in der Provinz Westphalen) liegt, und heißen daher das Mindensche Gebirge, so wie der Durchbruch des Stromes selbst bei Minden die Weser- oder Westphälische-Pforte (Porta Westphalica) genannt wird, welche Aehnlichkeit hat mit der Elbpforte oder dem Durchbruch der Elbe in Böhmen (zwischen dem Erz- und Lausitzer-Gebirge).

Wie Minden selbst, so liegt die Mindensche Bergkette auf dem linken oder westlichen Ufer der Weser. Dieselbe hängt im W. und S. mit dem Teutoburger-Walde zusammen, an welchem die Ems und Lippe entspringen; jene ein Küstenfluß der Nordsee, an deren Ausfluß Emden (Hannövերisch) liegt, diese ein Nebenfluß des Rheins, in dessen Quellbezirk die Herrmans-Schlacht geschlagen wurde.

Dem Teutoburger-Walde, welcher die Grenze gegen das norddeutsche Flach- und Küstenland (dort an der Ems) bildet, gegenüber, auf der östlichen Seite der Weser, zwischen dieser und der Leine, an welcher Göttingen liegt, erhebt sich der Solling; die Leine trennt das Hoch- und Gebirgsland der Weser von dem Harzgebirge, der Wasserscheide des Elb- und Wesergebietes.

§. 71.

Die Werra (der Stammfluß der Weser — nebst der Fulda) entspringt am Frankenwalde (Siehe §. 70.), die Saale auf dem Fichtelgebirge (Siehe §. 68.). Zwischen diesen Flüssen erhebt sich (im nördlichen Deutschland) ein Mittelgebirge, ein schönes und culturreiches Waldgebirge, der Thüringer-Wald, welcher im Schneekopf und Inselberge zu 3000 Fuß Höhe emporsteigt und die Landschaft Thüringen, ein Stufen- oder Terrassen-Land von 800 Fuß mittlerer Höhe, zwischen der Werra und Saale (Weser und Elbe) und ihren Zuflüssen bildet (Unstrut).

An und auf dem Thüringer Waldgebirge liegen die Gebiete und Städte der Herzöge von Sachsen, wie Weimar (am Ettersberge und der Ilm, einem Nebenfluß der Saale, nur 300 Fuß hoch), Gotha, an der Leine über 700 Fuß hoch, Jena (an der Saale) — die Stadt Erfurt an der Gera war die ehemahlige Hauptstadt von Thüringen und ist jetzt eine preußische Stadt in der Provinz Sachsen.

Nördlich geht das Thüringer Land in eine niedrigere Fläche über, das Eichsfeld genannt, wo die Unstrut und Leine entspringen, von denen jene zur Saale, diese zur Weser fließt, und Heiligenstadt an der Leine liegt (ebenfalls eine preußische Stadt der Provinz Sachsen) — das Unstrut-Thal, die goldene Aue. Aus demselben erhebt sich der 1500 Fuß hohe Kiffhäuser, welcher als ein Vorberg des Harzgebirges betrachtet werden kann, dessen eigentlicher Fuß weiter nördlich von der Unstrut liegt.

Anmerkung. Das Thüringer Land in weiterer Bedeutung — das Grenzland zwischen N. und S. Deutschland — ist nächst den deutschen Rheinlanden das schönste und reichste Culturland.

Nördlich von der Unstrut und wie aus der Thalfläche des Eichsfeldes aufsteigend, erhebt sich das Brocken-Gebirge oder der Harz, ebenfalls ein Mittelgebirge, überhaupt aber das nordöstlichste Gebirge von Deutschland (51° N. Br.). Daselbe liegt sonach im N. des Thüringer-Waldes — im Allgemeinen zwischen Elbe und Weser, oder bestimmter zwischen den Nebenflüssen derselben, Saale und Leine, hat eine Höhe von 2000 — 3000 Fuß (der Gipfel — der Brocken — Blocksberg — von 3500) und verflächt sich gegen O. und N. so, daß alles hier vorgelagerte Land (das Magdeburgische, Braunschweigische, Hannöversche) Flachland ist. Eine von den Bergstädten des Harzes (Hannöverisch), Clausthal, liegt auf einem Plateau von beinahe 2000 Fuß Höhe, und zwar auf der kleinern, aber höhern westlichen Seite oder Hälfte des Harzes, auf dem Oberharz. N. (N.O.) davon liegt um 1000 Fuß tiefer die ebenfalls Hannöverische Stadt Goslar (800′ hoch) am Fuß des Rammelsberges, im deutschen Mittelalter als freie Reichs- und Bergbau-Stadt berühmt. — Die östliche (südöstliche) größere Hälfte des Harzes heißt der Unterharz, wo z. B. Wernigerode, Blankenburg u. a. O. liegen, ebenfalls über 800 Fuß hoch.

Der Europäische Continent.

Fortsetzung.

(§. 72 — 82.)

§. 72.

Da, wo die Mittelgebirge, welche die Alpen im Norden und Osten umgeben, vom Rhein bis zur Weichsel, allmählig sich neigen und gegen die Gestade der Ost- und Nordsee verflächen — ungefähr vom 50sten Grade nördlicher Breite an oder da, wo die Weichsel, Oder, Elbe, Weser, Rhein über die letzten Stufen der Gebirge (Karpathen, Sudeten, Erz-, Fichtel-, Rhön-, Weser-Gebirge u. s. w.) hinaus in die Ebenen treten, beginnt das nördliche oder flache Deutschland oder Niederdeutschland. Dieses erstreckt sich im weitern Sinne (mit Einschluß der Slavischen Landestheile im O.) von jenseit der Weichsel längs dem mittlern und untern Lauf der vorgenannten Flüsse, dem baltischen und deutschen Meere bis jenseit des Rheins zur Schelde oder zu den eigentlichen Niederlanden (Holland) und südwärts bis zu dem Ardennen- und Vogesen-Gebirge (bis wohin Deutschland unter den ersten Kaisern sich erstreckte).

Die Mitte von Nord- oder Niederdeutschland bilden die Gegenden zwischen und zu beiden Seiten der Elbe und Weser, welche vor 2000 Jahren von den Sueven und Sachsen, zwei Hauptstämmen der Deutschen, bewohnt wurden;

hier an der Elbe (und Saale) war es auch, wo seit Karl dem Großen Kämpfe und Kriege zwischen den deutschen und slavischen Völkern entstanden, bis nach Jahrhunderten die letztern besiegt und genöthigt wurden, die christliche Religion und deutsche Sprache und Sitte anzunehmen (Entstehung der Nordmark).

§. 73.

Das erste und (für die Genossen des preußischen Vaterlandes) wichtigste Gebiet des deutschen Flachlandes ist das Land zwischen der Elbe und Oder oder alles Land, welches sich zwischen diesen Flüssen (und seitwärts) in ihrem mittlern und untern Laufe bis zu der Küste der Ostsee erstreckt (ungefähr von den Städten Dresden und Breslau bis Stralsund im N., der Insel Rügen gegenüber). Dasselbe besteht aus drei Landschaften, deren Bewohner ursprünglich Slaven (Wenden) waren (und es zum Theil noch sind), jedoch schon seit dem Jahr 1000 n. Chr. durch deutsche Niederlassungen und Uebersiedelungen germanisirt wurden. Diese Landschaften heißen in ihrer natürlichen Ordnung von S. nach N. die Lausitz, die Marken (Brandenburgischen), Mecklenburg (das Mecklenburgische Küstenland) (ungefähr vom 51° N. Br. bis gegen den 55°, Berlin und Potsdam unter dem 52°), sämmtlich Theile des alten Slaviens oder Slavenlandes zwischen der Elbe bis zur Weichsel.

Die Lausitz, d. h. Sumpf- oder Marschland, erstreckt sich von den Quellen der Spree und Neiße längs diesen Flüssen bis zur Mündung der letztern in die Oder und der Annäherung der erstern an das Gebiet der Havel — also zwischen Sachsen, Böhmen und Schlesien bis zu den Marken (von Zittau bis gegen Berlin und Potsdam hin) — (200 Quadr. Meilen gr.). Der Spreestrom mit seinen Seen und Kanälen (Spreewald) ist der Hauptstrom des weniger von Natur, als durch Kunst fruchtbaren und gewerbsamen Landes; an demselben liegen von S. — N. Bautzen, Spremberg, Cottbus, Lübben und Lübbenau, so wie östlich davon an der Neiße Görlitz, Muskau, Guben.

Uebrigens wird die Lausitz eingetheilt in die Ober- und Nieder-Lausitz; jene — die südliche und größtentheils sächsische, mit der Hauptstadt Bautzen (an 600 Fuß hoch), diese die nördliche oder preußische mit der ehemahligen Hauptstadt Luckau und der jetzigen Hauptstadt Cottbus (mit 8000 Einw.); beide im Spreegebiet, so wie eine andere Stadt der Nieder-L., Sorau, auf der Grenze gegen Schlesien, die der

Boberfluß bildet. Zwischen C. und S., nordwärts an der Neiße, Guben mit reichem Obst- und Weinbau.

Nächst Bautzen oder Budissin sind die wichtigsten Städte der Oberlausitz Görlitz und Zittau, jene an der Neiße in der Nähe der 1300 Fuß hohen Landskrona (eines Vorberges des Riesengebirges) preußischer Herrschaft; diese — sächsischer Hoheit — südlich von jener auf der Grenze von Böhmen, Hauptsitz der Lausitzischen Linnenfabrikation.

Anmerkung. Die Oberlausitz ist mehr Gebirgs- als Flachland; auch landschaftlich schöner und culturreicher, — Stammland der evangelischen Brüdergemeine (Herrnhut, Niesky). — Uebrigens waren beide Lausitze ursprünglich und Jahrhunderte hindurch ein Grenzland, eine Mark (Markgrafschaft) des deutschen Reiches, ein Theil der großen Ostmark, über welche der Kaiser als Oberlehnsherr verfügte. Wie dieselben an das sächsische Haus und zuletzt an die Preußische Krone gekommen, lehrt die Geschichte (1648. 1815.).

§. 74.

Nördlich von der Lausitz zwischen der mittlern Elbe und Oder, so wie an der untern Havel und Spree liegen die sogenannten Marken, als der zweite Theil des ehemahligen Slaven- und Wenden-Landes im O. und N. von Deutschland, auch die Brandenburgischen Marken genannt von dem durch Kaiser Heinrich I. eroberten Brannibor, dem Hauptsitz der Wenden. Dieser und seine Nachfolger setzten zur weitern Bekämpfung der Wenden Grenz- oder Markgrafen ein, unter denen im 12ten Jahrhundert Albrecht der Bär der berühmteste ist, weil er die Wendischen Völker bis über die Elbe hin besiegte und deutsche Städte anlegte. Da nun die spätern Markgrafen von Brandenburg auch Churfürsten des deutschen Reiches wurden, so erhielt die Mark (das Grenzland) Brandenburg auch den Namen Churmark, d. h. Churfürsten oder- churfürstliche Mark. Dieselbe dehnte sich nordwärts bis zu den Seen aus, aus welchen die Havel südlich abfließt, und mehrere kleine Flüsse nördlich zum Meere strömen — oder bis zu der Grenze der Landschaft Mecklenburg — und wurde eingetheilt in die Mittel-, Alt- und Ukermark, nebst der Priegnitz, wozu noch ein vierter neu hinzuerworbener Landestheil kam, die Neumark.

Demnach bestehen die Brandenburgischen Marken aus zwei Haupttheilen, der Chur- und Neumark (zusammen an 700 Quadrat-Meilen gr.); die Churmark selber aber aus besondern oder Neben-Theilen, aus kleinern Marken, namentlich der Mittelmark, Altmark, Priegnitz, Ukermark.

Die Churmark liegt auf der westlichen Seite der Oder — zu beiden Seiten der Havel, der obern Spree bis zur Elbe. Jenseit der Elbe oder auf der linken Seite der untern Elbe liegt die Altmark (Mark Salzwedel), so wie auf der rechten oder östlichen Seite der Oder die Neumark (größten Theils).

a) Die Mittelmark — an der untern Spree und Havel — die angebauteste und bevölkertste, mit den Städten Berlin an der Spree (nur etwas über 100 Fuß hoch liegend), Hauptstadt der Brandenburgisch-Preußischen Monarchie und erste Königliche Residenz, Potsdam und Brandenburg an der Havel, Frankfurt an der Oder.

Im N.W. davon (gegen die Elbe und Mecklenburg hin, der Altmark gegenüber)

b) die Priegnitz mit der Hauptstadt Perleberg und dem Städtchen Havelberg (Havelmündung).

Im N.O. der Mittelmark—gegen Mecklenburg und Pommern—

c) die Ukermark, am See und Fluß gleiches Namens mit der Hauptstadt Prenzlow.

Im W. der Mittelmark und Priegnitz, auf der linken oder westlichen Elb-Seite,

d) die Altmark — die weiter westlich und nördlich an die Landschaft Hannover grenzt — mit den Städten Stendal, Hauptstadt (im Elbgebiet), Tangermünde und Salzwedel, von welchen jene an der Elbe, diese auf der Grenze gegen Hannover liegt.

Was die Neumark betrifft, mit der Hauptstadt Cüstrin, so liegt dieselbe östlich von der Mittelmark und erstreckt sich bis über die Oder, welche bei der Festung Cüstrin die Warte aufnimmt, an welcher Landsberg liegt.

Anmerkung. Die Haupt- und Residenz- auch Universitäts-Stadt Berlin mit 240 bis 260000 Einw., im 12ten Jahrhundert von Albrecht dem Bär, wenn nicht gegründet, doch erweitert, ist wie Petersburg, in einer Sand- und Sumpfgegend aufgebauet worden und, wie diese, eine Kunststadt; zugleich eine der schönsten Städte Europas — ein nordisches Palmyra im Sande, treffend genannt — übrigens die Lebens- und Pulsader der Marken, groß und reich an Pallästen (Prachtgebäuden), Denkmählern, Gewerbs-, Industrie-, Lehr- und Kunst-Anstalten — die Marken, selber im Boden und Klima den Lausitzen ähnlich, sind, wie diese, ein der Natur und den Verheerungen der Menschen (30 jähriger Krieg) abgewonnenes Cultur-Land, der älteste Sitz des preußischen Kunstfleißes (an 2000 M. auf 1 Quadrat-Meile).

§. 75.

Nördlich von den Marken (westlich von Pommern), zwischen den Quellen der Havel, Peene und Trave, breitet sich die von Natur fruchtbare und kornreiche Landschaft Mecklenburg aus, ein Küstenland der Ostsee, kaum halb so groß als die Marken, ebenfalls seit der Völkerwanderung (400 v. Chr.) von Slavischen Stämmen besetzt und bevölkert, bis Herzog Heinrich der Löwe im 12ten Jahrhundert dieselben bezwang und deutsche Colonien anlegte, mit den Städten Schwerin am See gleiches Namens mit 10000 Einw. im Innern des Landes, und Rostock auf der Küste, daher See- und Handelsstadt mit 15000 Einw. (Unw. Hafen Warnemünde, Seebad Dobberan).

Anmerkung. Die natürlichen Grenzen vom Meere sind im O. gegen Pommern mehrere kleine Landseen-Flüsse (Ucker, Trebel) im W. gegen Holstein die Stecknitz (an deren Einfluß in die Elbe Lauenburg), merkwürdig übrigens die Reihe oder Gruppe von Seen, die das Innere bedeckt (eine Fortsetzung der Seenreiche von Finnland und Rußland her (Ladoga-See).

Die Mecklenburgische Küstenlandschaft setzt sich gegen Westen zwischen der Elbe und Ostsee fort. Diese Fortsetzung heißt bis zum Eider-Flusse hin Holstein, und von da weiter nordwärts Schleswig (beide dänisches Herzogthum). Mit Schleswig wird das Küstenland zur Halbinsel und heißt einschließlich desselben Jütland (ebenfalls dänisch).

a) Die fruchtbare Landschaft Holstein — zwischen der Trave, Stecknitz, Eider, Elbe und Ostsee — das Land der tapfern Dithmarsen — enthält drei Städte. Die freie Handelsstadt (ehemahlige Hanse-Stadt) Lübeck auf der Grenze von Mecklenburg und Holstein an der Trave, mit dem Hafen Travemünde und 30000 Einw. Die Handelsstädte Altona (mit 20000 Einwohn.) und Glücksstadt an der Elbe, die letztere die feste Landeshauptstadt, wie wohl die erstere weit größer und wichtiger ist. Endlich Kiel (im N. der vorigen Stadt) an der Ostsee und dem Eider-Kanale (auf der Grenze gegen Schleswig), Handels- und Universitäts-Stadt (Dampfschifffahrt nach Copenhagen.

b) Die Landschaft Schleswig oder das südliche Jütland (ein zum Theil sehr fruchtbares Marschboden-Land), nördlich von der vorigen — und von der Eider — dem von Carl dem Großen festgesetzten Grenzflusse Deutschlands — ein flaches, fruchtbares, zum Theil unter dem Spiegel des Meeres gelegenes Land — die Heimath der Angeln, welche mit den Sachsen Britannien (England — d. h. Angeln-Land) eroberten. — Die wichtigste Stadt, des Landes Flensburg (über 15000 Einwohner), die eigentliche Hauptstadt Schleswig, jene — Handelsstadt — im nördlichen — diese im südlichen Landestheil.

e) Nord-Jütland (von der östlichen Insel Fünen durch einen schmalen Meerbusen — kleinen Belt — getrennt) befaßt den übrigen Theil der Halbinsel bis zu der äußersten nördlichen Spitze Skagen — ein niedriges und sandiges Schiffer- und Fischer-Ländchen mit dem Hauptort Aalborg.

§. 76.

Das niederdeutsche Flachland, welches sich von den Sudeten aus zu beiden Seiten der auf denselben (in Mähren) entspringenden Oder erstreckt — bis zur Meeresküste — heißt in seinem südlichen Theile Schlesien, in seinem nördlichen Theile oder Küstengebiet Pommern; beides jetzt preußische, sehr fruchtbare und wohlbebauete Landschaften — ehemahls von Slaven bewohnt.

Schlesien (über 700 Quadrat-Meilen mit 2 Mill. Einwohnern) erstreckt sich in seiner Breite von den Sudeten (dem Riesen- und Mährischen-Gebirge) aus über die Oder bis zu einem Höhenzuge oder Landrücken hin, wo die zur Weichsel (nach Polen hin) abfließenden Gewässer entspringen, in seiner Länge von den Quellen der Oder bis gegen den Einfluß der Bober hin (Crossen), und wird eingetheilt in Ober- und Nieder-Schlesien, von denen jenes bis zur (Schlesischen) Neiße reicht; dieses das übrige und eigentliche Flachland, mit der Hauptstadt Breslau (51° Br.) an der Oder, befaßt (noch keine 400 Fuß hoch gelegen), mit 90000 Einw.

Anmerkung. Außer Breslau — ungefähr in der Mitte des Landes — hat Schlesien an der Oder und deren Nebenflüssen eine bedeutende Anzahl schöner, fester und volkreicher Städte, so z. B. im N. von B. Glogau, im S. Brieg, Glaz an der Neiße (an 1000 Fuß hoch) — jede dieser Städte mit mehr als 10000 Einwohnern. Uebrigens ist Schlesien eine der gewerbsamsten Provinzen (Sitz der preußischen Leinwandmanufactur).

Nördlich von Schlesien und von demselben durch die Marken (Neumark) gesondert, liegt längs der Meeresküste hin, im W. und O. der Oder-Mündungen, die Landschaft Pommern, ebenfalls in den ersten Jahrhunderten der christlichen Zeitrechnung (von 500 ab) von Slaven (Wenden, Cassuben) bewohnt und in Vor- und Hinter-Pommern getheilt.

In Vor-Pommern oder dem westlich von der Oder, zu beiden Seiten der Peene, gelegenen Landestheile (bis zu dem Flüßchen Recknitz auf der Grenze von Mecklenburg) sind die Hauptstädte Stettin, Festung, mit 30000 Einwohnern (Hafen Swinemünde, auf der Insel Usedom), Handelsstadt an der Oder, und Stralsund und Greifswalde (54° N. Br.)

an der Küste — der Insel Rügen gegenüber — jene Handels-, diese Universitäts-Stadt.

In Hinter-Pommern, der größern Hälfte, welches sich östlich von der Oder bis gegen die Landzunge Hela und die Bucht von Putzig (oder zu beiden Seiten des Küstenflusses Persante) erstreckt (politische Grenze West-Preußen), sind die Hauptorte: Stargard in dem Innern des Landes (Gebiet der Oder, an 10000 Einw.) und Colberg an der Küste, unweit der Mündung der Persante.

Da die Insel Rügen eine Gebirgsinsel ist (mit den Vorgebirgen Arcona und Stubbenkammer): so enthält sie die eigentlichen Höhenpuncte der flachen und sandigen Oderküste (500 Fuß) — Arcona die letzte nördliche Spitze von Deutschland.

Anmerkung. Pommern (i. e. Meerland, Seeküste, ehemahls ein Theil des Wendenlandes) ist gegenwärtig (seit sec. 18) eine Provinz der brandenburgisch-preußischen Monarchie.

§. 77.

Von da ab, wo die Weichsel entspringt an dem nördlichen Abhang der Karpathen (nur 10 — 12 Meilen östlich von der Oder-Quelle entfernt), breitet sich längs diesem Strom ebenfalls ein weites, tiefes und fruchtbares Flachland aus — das Polnisch-Preußische — oder das im N. O. von Deutschland gelegene Slavische. Dasselbe besteht demnach aus zwei zusammenhangenden Landschaften.

a) Diejenige, welche sich zu beiden Seiten der mittlern Weichsel und der zur Oder westwärts gehenden Warthe erstreckt, heißt Polen (Siehe §. 56.), ein fruchtbares Weide- und Getreideland, mit der Hauptstadt Warschau, an der mittlern Weichsel in der Provinz (Woiwodschaft) Masovien; südlich davon an der obern Weichsel liegt Krakau (Vergl. §. 56.), eine Stadt mit einer Universität und Handelsverkehr, die nebst ihrem Gebiet zwischen Schlesien (Preußen) und Ungarn (Oestreich) einen kleinen Freistaat bildet.

b) Die nördliche Hälfte des polnisch-preußischen Flachlandes oder derjenige Theil, welcher sich zu beiden Seiten der untern Weichsel bis nordostwärts über den Pregel- und Niemen-Fluß hin ausbreitet, heißt Preußen (Siehe §. 56.) und wird in Ost- und West-Preußen eingetheilt. Dieses — mit den Städten Thorn, Marienwerder und der Seehandelsstadt Danzig (mit 60000 Einw.), jene an der untern Weichsel, diese an der Mündung derselben — erstreckt sich von der Pommerschen Grenze (Brahe-

Fluß) im W. — bis ostwärts über die Weichsel (Geserich-See); jenes (Ost-Preußen) von da bis zum Niemen (Memel-Fluß), mit der Hauptstadt Königsberg 54° N. Br.) an der Pregel-Mündung und auf einer Art Halbinsel zwischen dem Curischen und Frischen Haff, Universitäts- und Handelsstadt mit 70000 Einw. (zweite Residenz der preußischen Monarchie).

Anmerkung. Preußen — zwischen Rußland im O., Galizien im S., Schlesien im S. W., Pommern und den Marken im W. — etwas größer, als diese, (an 800 Quadrat-Meilen) verdankt seine Cultur dem deutschen Ritterorden im 14ten und 15ten Jahrhundert und seit dem 16ten Jahrhundert den Churfürsten von Brandenburg (See- und Bernsteinküste).

§. 78.

Das große deutsche Flachland, welches sich von den deutschen Mittelgebirgen (Erzgebirge, Franken- und Thüringer-Wald, Harz- und Weser-Gebirge u. s. w.) zwischen der Elbe und dem Rhein erstreckt, sondert sich durch die Weser in zwei kleinere Flächländer. Dasjenige, welches von der Elbe bis zur Weser sich ausbreitet, heißt das Sächsische (und Hannöversche) Flachland, im Allgemeinen Nieder-Sachsen. Dasjenige, welches von der Weser bis zum Rhein und darüber hinaus bis zur Maas reicht, also zwischen der Weser und dem Rhein liegt, heißt von seinem Hauptheile das Westphälische Flachland oder Westphalen.

Ihrer politischen oder staatsthümlichen Form und Beziehung nach bestehen beide aus Königl. sächsischen, preußischen, hannöverschen und andern Gebietstheilen.

a) Das Flachland zwischen der Elbe und der Weser oder das Sächsische (Niedersächsische) begreift folgende sächsische, preußische und hannöversche Landestheile unter sich:

α. Sachsen — mit den Städten Dresden, Meißen, Wittenberg an der Elbe (51° Br.) (Dresden, Residenzstadt des Königs von Sachsen, kaum 300 Fuß hoch gelegen, mit 60000 Einw.), und Leipzig an der Pleiße und Elster (Zuflüsse der Saale), die blühendste Handelsstadt des mittlern und nördlichern Deutschlands mit 40 — 50000 Bew., Univ.

β. Das Magdeburgisch-Halberstädtsche Gebiet (ein Theil der preußischen Provinz Sachsen) mit dem eingeschlossenen Theil des Anhaltinischen Ländchens — zu beiden Seiten der Elbe und Mulde — Städte: Magdeburg (52° N. Br.), Handelsstadt und Festung an der Elbe zwischen 40 — 50000 Einw.; Halberstadt gegen den Unterharz hin (Elbgebiet); Halle an der Saale, Univ. Stadt, Waisenhaus, Salzwerk, über 20000 Einw.; Dessau am Einfluß der Mulde in die Elbe.

Anmerkung. Zufolge der alten Eintheilung Deutschlands in Kreise (10) gehörten Brandenburg, Sachsen u. s. w. zum obersächsischen, dagegen Magdeburg, Halberstadt, Braunschweig zum niedersächsischen Kreise.

§. 79.

Die in N.W. von dem Magdeburgischen und Halberstädtischen gegen die untere Elbe und Weser bis zum Harz und Solling hin gelegene Landschaft befaßt die Gebiete der Braunschweigischen oder Welfischen Fürsten (700 — 800 Quadrat-Meilen gr. zusammen), und zwar

A. des Herzogs von Braunschweig (nördlich vom Harz und theilweise auf demselben — zwischen der Aller und Leine oder im Gebiet der Weser), mit der Stadt Braunschweig an der Ocker. Handelsstadt mit 30000 Einw.,

B. des (ehemahligen) Churfürsten, jetzigen Königs von Hannover, zugleich Königs von England, mit den Städten Hannover (an 25000 Einw.), nordwärts Braunschweig und, wie dieses, im Gebiet des Aller-Flusses, nämlich an der Leine (welche mit der Aller — wie diese mit der Okker — vereint — der Weser zufließt.

Südlich von H. und ebenfalls an der Leine (untern) — auf der südwestlichen Seite des Harzes die Universitäts-Stadt Göttingen.

Am Fuß des nordwestlichen Harzes, unfern der Ocker, Goslar.

Im Harze selber (Oberharz) Clausthal.

N.O. von Hannover an der Aller Celle.

Zwischen der Aller und Elbe — an einem Zufluß derselben, Lüneburg, an einem Landrücken (Wasserscheide zwischen Elbe und Weser), die Lüneburger Heide genannt. Vergl. §. 71.

b) Das Flachland zwischen der Weser zu beiden Seiten der Ems bis zum Rhein und jenseit desselben bis zur Maas begreift ebenfalls vorzüglich preußische Gebiete, insonderheit die Provinz Westphalen, und heißt daher auch das Westphälische Flachland oder von einem gleichnamigen Gebirge das Sauerland. Außerdem enthält es — am Teutoburger-Walde das Lippische — und an der Ems — das Friesische Gebiet — das Vaterland der tapfern Friesen.

Städte: Minden an der Weser, da, wo der Strom durch das Gebirge in die Ebene fällt (Porta westphalica).

Münster, in der Nähe der obern Ems (an einem Rhein-Canal) mit beinahe 20000 Einw.

Emden, am Ausfluß derselben, am Meerbusen Dollart (Hauptort in Ostfriesland, jetzt Hannöverisch).

Elberfeld, 30000 Einw., und Solingen (Barmen) an der dem Rhein zufließenden Wipper (im W. Thale), wichtige Fabriksörter.

Südlich von der Mündung der W. in den Rhein und in den preußischen Rheinprovinzen:

Cöln am Rhein, Handelsstadt mit 60000 Einwohnern. Nördlich davon

Düsseldorf, ebenfalls am Rhein mit 30000 Einw. Nördlich davon

Wesel an der Mündung der Lippe in den Rh., Festung.

Westlich vom Rhein (und Cöln) gegen die Maas und die Niederlande hin, da, wo sich das Eifelgebirge verflächt,

Aachen, Fabrikstadt mit 40000 Einwohnern (einst Karls des Großen Lieblingssitz).

§. 80.

Das deutsche Flach- und Küstenland setzt sich auch westlich von der Maas (und Sambre) über die Schelde bis zu der Nordsee und Meerenge von Calais fort, und begreift in diesem Umfange die Niederlande, ebenfalls ein ursprünglich deutsches und lange Zeit (bis sec. XVI.) mit dem deutschen Reiche verbundenes Land, im eigentlichen und engern Sinne, — das Land der alten Bataver, der Nachbarn der Friesen. Dasselbe besteht aus zwei Hauptttheilen, einem nördlichen, der Halbinsel Holland (d. h. Tiefland), zwischen der untern Maas und einem Meerbusen der Nordsee (Zuyder-See) bis (östlich) gegen die Ems und den Meerbusen Dollart hin, mit den Städten Amsterdam am Zuyder-See (über 200000 Einw.) (52° N. Br.) und Rotterdam an der Maasmündung (60000 Einw.), und einem südlichen Theile, dem Schelde-Lande oder den zu beiden Seiten der Schelde bis zur Maas und zum Meere gelegenen Landstrichen, mit den Städten Antwerpen, Gent (über 60000 Einw.) und Brüssel über 100000 Einw. an und im Gebiet der Schelde. Der südliche Theil der ehemahligen Republik (der 7 vereinigten Provinzen) oder des jetzigen Königreichs Holland — das sogenannte Schelde-Land — heißt gegenwärtig das Königreich Belgien und erstreckt sich mit seinen Haupt-Provinzen Flandern (Städte Gent und Brügge), Brabant (Stadt Brüssel), Lüttich u. s. w. bis gegen die Abfälle und Verflächungen des Eifel- und Ardennen-Gebirges hin, so daß die gesammten Niederlande eigentlich als die flache und tiefe Küstenniederung (le pays bas) desselben erscheinen. — Der Flächenraum beider, seit der Revolution von Brüssel politisch getrennter Länder beträgt etwas über 1000 Quadrat-Meilen mit ungefähr 6 Mill. Einw., wovon auf die kleinere Hälfte — Belgien — über 3½ Mill. kommen. Auch besitzt der König der Niederlande das am Ardenner-Walde gelegene Großherzogthum Luxemburg mit der Hauptstadt gleiches Namens zwischen Mosel und Schelde, einer deutschen Bundesfestung. Die Residenzen beider Könige sind Haag (in Holland) und Brüssel in Brabant.

Anmerkung. Holland und Belgien oder die Niederlande im allgemeinen und geographischen Sinn sind physisch und historisch eine der merkwürdigsten Erdstellen von Europa, physisch als das niedrigste Flach- und Küstenland des Continents, dem Meere abgewonnen und durch künstliche Deiche und Dämme vor dem Einbruch desselben geschützt und als das durchschnittenste Canal- und fruchtbarste Delta-Land (die Polder); historisch als das erste und älteste Industrie-Land des deutschen Reiches (Burgundischer Kreis), das überdies nach dem Abfall von Spanien seit dem 16. Jahrhundert den Welthandel gewann (Amsterdam seit 1640 Sitz desselben). — Merkwürdiger Unterschied übrigens der Religionsverhältnisse in der nördlichen und südlichen Provinz — in Holland und Belgien; jene die südliche — die katholischen Niederlande der ehemahligen Spanischen und Oestreichischen.

§. 81.

Die unter dem §. 67 — 71. bezeichneten Landschaften bilden zusammen den sogenannten deutschen Staatenbund oder das gegenwärtige Deutschland (zwischen 45 — 55° N. Br.) nach seiner staatsthümlichen (politischen) Größe, Gestalt, Verfassung und Eintheilung. Dasselbe besteht demnach aus einem Verein von 30 und einigen (38) freien und selbstständigen (souverainen) Staaten, welche zur Aufrechterhaltung ihrer Unabhängigkeit und Sicherheit nach Außen und Innen einen Bund geschlossen haben, dessen Angelegenheiten nach den Bestimmungen einer zu Wien im Jahr 1815 aufgenommenen Urkunde oder Acte (Congreß-Acte) von den Bevollmächtigten der Bundesmitglieder, welche zu Frankfurt am Main ihren Sitz haben, verwaltet und besorgt werden.

Was die geographischen Verhältnisse der Staaten des deutschen Bundes anbetrifft, so liegen dieselben (zwischen dem 45 — 55° N. Br. — unter fast gleicher Br. mit dem N. A. Freistaat.) theils in und an den Alpen, wie z. B. die östreichisch-deutschen Staaten, theils in und an den Mittelgebirgen zwischen dem Rhein bis zur Elbe, wie z. B. Baiern,

Würtemberg, Sachsen, Hessen u. s. w., theils in dem Flachlande längs dem Unterlauf des Rheins, der Weser, der Elbe, Oder, wie z. B. Preußen, Hannover, die freien Städte, Hamburg, Lübeck, Bremen u. a. m., überhaupt innerhalb des germanischen Hoch- und Alpen-Landes, des Mittelgebirges und Tieflandes.

In Ansehung der Größe und Macht nehmen Oestreich und Preußen den ersten Rang unter den Bundesstaaten ein, denn die zum deutschen Bunde gehörigen Staaten Oestreichs haben einen Flächeninhalt von ungefähr 4000 Quadrat-Meilen mit 10 — 12 Millionen Einwohnern, und die preußisch-deutschen Gebiete sind nur um einige hundert Quadrat-Meilen und um 2 Mill. Einw. kleiner. Hierauf folgt das Königreich Baiern mit beinahe 1500 Quadrat-Meilen und 4 Mill. Einw., so daß demnach Oestreich und Baiern im südlichen und katholischen Deutschland, und Preußen im nördlichen und evangelischen Deutschland gleichsam die Rolle der deutschen Groß- und Schutzmächte haben und die Repräsentanten (Stellvertreter) der übrigen kleinern Herrschaften und Staaten sind. — Auch sind Oestreich und Preußen die Schutz- und Schirmstaaten gegen Osten (Slaven, Russen, früher Türken) und Westen (Frankreich). Zusammen genommen breiten sich die deutschen Bundesstaaten über einen Flächenraum von ungefähr 11000 Quadrat-Meilen aus, mit etwa 30 Mill. Einw. (worunter 5 Mill. Slaven), so daß dieselben in Betreff ihrer Größe und Volksmenge die Mitte zwischen der französischen und der gesammten östreichischen Monarchie (zwischen 10 — 12000 Quadrat-Meilen) halten. In diesem Umfange grenzt das heutige deutsche Bundesland im Osten und Süden mit Preußen, Oestreich und Helvetien, im Westen mit Frankreich und den Niederlanden, im Norden mit Dänemark zusammen.

Bestimmter aber sind die Grenzen des deutschen Staatenbundes folgende: im Süden die Schweizer-Alpen und das Adriatische Meer (Schweiz, Lombardei, Illyrien); im Norden die Halbinsel Jütland (Holstein — die Eider) und das übrige Dänemark, so wie die beiden in O. und W. desselben gelegenen Meere, die Ost- und Nordsee; im Osten die Provinzen Westpreußen und Posen, das übrige Polen nebst der freien Stadt Krakau, die ehemahligen Königreiche Galizien, Ungarn (nebst Slavonien) und Croatien, oder eine Linie, welche zwischen der Weichsel und Oder (dieser näher) bis zu den Quellen derselben oder den Karpathen und Sudeten geht und durch dieselben bis zu der Mündung der March in die Donau, und längs derselben bis zur Raab in Ungarn fortgeht, von wo aus sie, fortgesetzt über den mittlern und obern Lauf der Muhr, Drau,

Sau, in der Halbinsel Istrien oder zwischen Fiume und Triest endigen würde — Abfälle und Verflächungen der östlichen Alpen (der Kärnthenschen, Krainer A.) zwischen Drau, Sau u. s. w.

Anmerkung. Ueberhaupt war die Ostgrenze Deutschlands da, wo Slavische Völker, Sprache und Sitte anfingen — Vergl die March — Kärnthen zwischen Drau und Sau — die Ostmark genannt.

Indem nun diese Linie das ehemahlige Königreich Preußen und Polen, so wie das Königreich Ungarn, letztere beiden in ihrem ehemahligen großartigen Umfange (einzelne Gebiete ausgenommen) von den deutschen Bundesländern trennt, trennt sie zugleich slavische und deutsche Länder (ausgenommen das Königreich Preußen — Provinz Ost- und West-Preußen), welche meist deutsch oder germanisirt worden sind, woraus zugleich folgt, daß nunmehr auch die preußischen Provinzen Pommern und Schlesien, die Lausitz, so wie die östreichischen Erbländer Böhmen und Mähren für Bestandtheile des deutschen Bundes gelten, wogegen das so eben genannte Ost- und West-Preußen außer dem Verbande (dem deutschen Staatenbunde) geblieben ist.

Verschieden von den Grenzen des gegenwärtigen Deutschlands nach seiner politischen Beschaffenheit waren die Grenzen des ehemahligen deutschen Reiches, zumahl in früherer Zeit um 900, etwa 100 Jahre nach Carls des Großen Tode; denn dasselbe reichte über den Rhein hinüber und befaßte unter andern auch die schönen, jetzt französischen Landschaften Elsaß und Lothringen in sich; ja, es gab eine Zeit, wo außer Böhmen, Mähren, Schlesien, die Lausitz u. a., ursprünglich slavische Länder, auch Polen, Ungarn, Dänemark, Italien u. a. L. zu dem deutschen Reiche gehörten, d. h. in einer politischen Verbindung (Lehnsverbande) mit demselben standen, bis dasselbe seit 1500 auf die 10 Reichskreise beschränkt, und Böhmen, Preußen und Helvetien außer dem Reichs- und Lehns-Verbande belassen wurden.

Noch weiter endlich dehnen sich die Grenzen Deutschlandes aus, wenn darunter alles Land verstanden wird, wo deutsche Sprache, Sitte, Verfassung, überhaupt deutsches öffentliches und häusliches Leben entweder von Anfang der Geschichte an herrschten, oder später herrschend wurden und dermahlen vorherrschen, denn nach diesem Sprachgebrauch oder in volksthümlicher Bezeichnung gehören z. B. Preußen (Ost- und West-Preußen), Schlesien, die Lausitz u. a. mit eben dem Rechte zu Deutschland, als irgend ein anderer ursprünglicher Bestandtheil desselben, weil dort die ursprünglich slavische Bevölkerung in Folge geschichtlicher Ereignisse nach und nach deutsch oder germanisch geworden ist (Wenden- und Slaven-Kriege, Errichtung von Mark- oder Grenzgrafschaften im N. und O. von Deutschland, Gründung von Städten und Bisthümern). Befaßt man demnach unter Deutschland das gesammte Land teutscher Nation und Zunge und rechnet dazu auch die Schweiz, den Elsaß, die Niederlande und Dänemark, so begreift es einen Flächenraum von 15000 Quadrat-Meilen mit 40 Millionen Einwohnern.

§. 82.

Auch das nördliche, westliche und südliche Frankreich (Vergl. §. 67.) ist ein Theil oder eine Fortsetzung des westeuropäischen Flachlandes, und zwar liegt das französische Flachland längs des mittlern und untern Laufes und Gebietes der Hauptströme des Landes, der Seine, der Loire und Garonne und der Rhone.

Die wichtigsten Flachebenen, Fluß- und Küstenstriche sind:

A. Zwischen der Seine und dem Rhein bis zum Meere:

a) Die sogenannten französischen Niederlande (Flandern) mit den Städten Lille (Hauptstadt) 70000 Einw. Fest., Valenciennes Fest. an der Schelde 20000 Einw. und Dünkirchen über 20000 Einw., Seestadt zwischen Calais und Ostende.

b) Die Champagne (südl. von den vorigen) oder das Blachfeld (campus), mit den Städten Troyes an der Seine, Rheims, 40000 Einw., an einen Zufluß der Seine (im Seine-Gebiet), und Chalons an der Marne (Nebenfl. der Seine), Hauptstadt, an 30000 Einw.

c) Isle de France (die Insel oder Mitte Frankreichs) mit den Städten Paris und Versailles, jene mit beinahe 1 Mill. Einw. unter dem 48° N. Br., nur 100 Fuß hoch, diese mit 30000 Einw., in dem Mittelpunct Königl. Lustschlösser (St. Cloud) gelegen. Nördlich davon an der Küste

d) Die Normandie mit der Hauptstadt Rouen an der Seine, an 100000 Einw., nebst der Picardie (östlich gegen die Niederlande) mit der Hauptstadt Amiens, über 40000 Einw.

B. Zwischen der Seine längs dem Meere (Canal und Aquitan. Meer) bis zur Loire

a) Orleanais — mit den Städten Orleans, über 40000 Einw., Tours und Nantes an der Loire (wiewohl letztere zur Bretagne gehörte).

b) Die Bretagne (Halbinsel) mit den Städten Rennes Hauptstadt), an 40000 Einw., der Hafenstadt Brest, an 30000 Einwohner, und Nantes (Siehe vorher) über 70000 Einw.

C. Von der Loire bis zur

a) Garonne und dem Fuße der Pyrenäen oder in dem alten Aquitanien die Landschaft Poitou mit der Hauptstadt Poitiers im Gebiet der Loire (nebst der Seestadt Rochelle) an 20000 Einw.

b) Guyenne (Aquitania) mit der Hauptstadt Bordeaux an der Garonne, an 100000 Einw., Hauptsitz des französischen Weinhandels.

c) Gascogne (Baskenland), mit der Hauptstadt Bayonne an der Mündung des Küstenflusses Adour.

D. Von der Garonne längs dem Mittelmeere bis zur Rhone und zu den Vorhöhen der Alpen:

a) Die große südliche Landschaft Languedoc mit den Städten Toulouse an der Garonne, 70000 Einw., Handelsstadt, und Montpellier in einer reizenden Küstengegend.

b) Die östlich davon gelegene Landschaft Provence — mit der Hauptstadt Aix (alte Römerstadt), über 20000 Einw., Avignon an der Rhone, über 30000 Einw., und den Seestädten Marseille und Toulon, jene über 100000, diese über 30000 Einw.

Anmerkung. Das französische Flachland hat demnach verhältnißmäßig mehr und volkreichere Städte, als das Hoch- und Gebirgsland, vergl. §. 61. — vornehmlich die Riesenstadt Paris, nebst Lyon, Marseille, Bordeaux u. a, welche sämmtlich blühende Fabrik- und Handelsstädte sind. Ueberhaupt ist Frankreich nebst Dentschland nicht bloß das blühendste Industrie-Land von Westeuropa, sondern auch das eigentliche Culturland, wiewohl in Frankreich die Aufklärung und Bildung mehr in den höhern Ständen und Klassen der Nation einheimisch, in Deutschland dagegen durch die Mittelklassen, den Bürgerstand, überhaupt gleichmäßiger verbreitet ist. Ein bemerkenswerther Umstand bleibt es, daß Frankreich — auf 10000 Quadrat-Meilen — nur Eine Haupt- und Central-Stadt und unter 30 und einigen Millionen Bewohnern katholischen Glaubens nur 1 Million evangelische (Reformirte) Christen zählt. Merkwürdig auch, daß Frankreich gerade die Producte entweder ausschließlich oder in vorzüglicher Güte erzeugt, die Deutschland fehlen (wie Südfrüchte, Wein, Olive, Seide) und umgekehrt (wie Hochwaldungen, Metalle, Salz); dagegen stehen Manufacturen, Fabriken, Handel in beiden Ländern jetzt fast auf gleicher Höhe, wiewohl Frankreich immer noch in Sachen des Geschmacks, des Luxus und der Mode den Ton und das Muster zu geben sich anmaßt. Als Grenzländer haben beide in einem fortdauernden Verkehr und Zusammenhange, und zwar (wie die Geschichte lehrt) stets so gestanden, daß die Franzosen als Grenzräuber erschienen.

Der Europäische Continent.

Fortsetzung.

(§. 83 — 95.)

§. 83.

Das Land oder die Halbinsel jenseit der Pyrenäen, zwischen dem Mittel- und Atlantischen-Meere, ist seiner Lage und Erhebung über dem Meere nach ein hochgelegenes und gebirgiges Land, überhaupt ein Hochland, wie etwa das asiatische Persien oder Iran, jedoch mit wesentlicher Verschiedenheit von demselben, die unter Anderm darin besteht, daß das spanische Hochland auch ein Gebirgsland ist, in so fern hohe Gebirge und Bergreihen (Ketten) oder Sierren dasselbe in der allgemeinen Richtung von Osten nach Westen durchziehen, ohne daß dieselben eigentliche Zweige oder Arme der Pyrenäen sind oder mit denselben mehrseitig zusammenhängen. Zwischen diesen Gebirgen liegen weite Flächen und Ebenen, die natürlich Hochflächen oder Plateaux sind. Unter diesen zeichnen sich insonderheit zwei aus, welche, in der Mitte des Landes gelegen, das eigentliche Hochspanien oder eine Art von Tafelland, von 2000 — 3000 Fuß Höhe, bilden; dies sind die Ebenen und Flächen von Castilien, auf welchen Madrid und Toledo im Gebiet des Tajo-Flusses, so wie Valladolid, Leon und andere Städte im Gebiet des Duero-Stroms liegen.

Beide Hochflächen sind aber durch ein Gebirge getrennt (Guadarama), welches auch die obigen beiden Flußgebiete scheidet, so wie das mittlere Hoch- und Tafelland in zwei Hochflächen oder Plateaux, nämlich von Alt- und Neu-Castilien, absondert, und sich westwärts bis zum Atlantischen Meere als Estrella-Gebirge (in Portugal) fortsetzt (Provinz Estremadura — Cap Roca, westlichstes Cap von Europa).

Alt-Castilien ist ein waldloses, aber weidereiches, im Ganzen ödes und einförmiges Hochland.

Neu-Castilien, reicher und mannigfaltiger und gegen W. (Provinz Estremadura) gebirgig.

Die Hauptstadt Madrid in öder Gegend, aber auf einem Plateau von 1800 Fuß Höhe gelegen, mit weiter Fernsicht auf das Gebirge, ist die Hauptstadt von ganz Spanien (Residenz des K.) — zugleich die höchste Hauptstadt von Europa (4 — 500 Fuß höher, als München) — an 150000 Einw.

Nördlich von der altkastilischen Hochebene streicht längs der Meeresküste ein anderes Gebirge, das Asturische oder Cantabrische, indem es sich von den Pyrenäen bis zu dem Cap Finisterre (Landesende), dem nordwestlichsten Promontorium von Europa, hinzieht und die Provinzen Biscaia (die Baskischen), Asturien und Galizien mit den Städten Bilbao, Sebastian — Oviedo — Corunna u. a. bedeckt. Dasselbe enthält die Quellen zweier Flüsse, des Ebro (Iberus — Iberien) im O. und des Küstenflusses Minho im W. Der Ebro fließt von N.W. gegen S.O. in das Mittelmeer, durch die drei Provinzen (tiefe Terrassen-Landschaften), in welche das Pyrenäische Hoch- und Grenz-Gebirge gegen W. abfällt, durch Navarra (Hauptstadt Pampelona), Arragonien (Hauptstadt Saragossa) und Catalonien (Hauptstadt Barcelona), welche zugleich die Grenzprovinzen gegen Frankreich sind. Die Stadt Barcelona ist (wie die Provinz Catalonien) die wichtigste unter den genannten (über 100000 Einw.)

Ein drittes Gebirge breitet sich südwärts von der neucastilischen Hochebene zwischen den Flußgebieten der Guadiana und des Guadalquivir unter dem Namen Sierra Morena aus. Dasselbe zieht ebenfalls westwärts über die Guadiana bis Portugal und endigt in dem südwestlichsten Cap der Halbinsel und Europas, St. Vincent.

Hier, in Portugal dem westlichen (an 2000 Quadrat-Meilen gr.) Küstenlande vom Minho südwärts bis zur Guadiana und zum Atlantischen Meere, liegt auf seinem südlichen Abhange, zwischen dem genannten Strom und dem Meere, die geb. Provinz Algarve (Algarbien), nördlich Alem-Tejo, zwischen Tejo und Guadiana (Hochebene).

Anmerkung. Die Hauptstadt von Portugal oder Lusitanien liegt am Ausfluß des Tajo (Tejo) in der Provinz Estremadura und heißt Lissabon, eigentlich die größte und wichtigste Hauptstadt der pyrenäischen Halbinsel, mit 250000 Einwohnern (im 16ten Jahrhundert der Weltmarkt —).

§. 84.

Südlich von der Sierra Morena und zu beiden Seiten des Guadalquivir (insonderheit südwärts desselben) bis zum Meere hin breitet sich eine tiefe, große, fruchtbare und schöne Ebene aus, die Andalusische, aus welcher sich das vierte Gebirge erhebt und zwar zu einer Höhe — theilweise — von mehr als 10000 Fuß (wie die Sierra Nevada oder das Schneegebirge), also zu der Höhe der Riesengebirge. Das Gebirge im Ganzen bedeckt die (ehemahlige) Spanische Provinz Granada (Ober-Andalusien) (mit den Hauptstädten Granada (über 1600 Fuß hoch) und Malaga) und heißt daher auch das granadische Küstengebirge. Es endigt mit dem historisch berühmten Cap Trafalgar (Seeschlacht 1805 -- Nelson †) am Atlantischen Meere zwischen der Straße von Gibraltar und der Halbinsel Leon, auf welcher die uralte Handelsstadt (der Phönizier) Cadix (Cadiz) liegt; gegenwärtig die größte Handelsstadt Spaniens mit 80000 Bew.

Wie die Andalusische Ebene, so ist auch der Küstenstrich von Malaga durch seine Fruchtbarkeit und Ergiebigkeit an Südfrüchten und Wein berühmt (Palmen, Orangen, Feigen, Aloe und Cactus). Die wichtigsten Städte in Nieder-Andalusien, außer Cadix, sind — am Guadalquivir Sevilla und Cordova (jene Fabrikstadt, fast 100000 Einw., nach Madrid die größte Stadt, und die engl. Felsenfestung Gibraltar (Kalpe) unter dem 36° N. Br.

Anmerkung 1. Spanien (Iberien) galt bereits zur Zeit der Phönizier und Carthager für ein an allen Naturschätzen ergiebiges und reiches Land (Metalle — Silber), unter der Herrschaft der Römer bis zur Völkerwanderung erhielt es Städte (römische Colonien, Gesetze, Sprache); durch die Gothen (Westgothen) christliche Sitte und Bildung, die im Kampf mit dem Islam (Araber seit dem 8ten Jahrhundert) bis gegen 1500 sich befestigte und veredelte. Blüthe des Landes unter Carl I. im 16ten Jahrhundert, der Periode der Spanischen Entdeckungen und Eroberungen in America (Columbus, Cortez, Pizarro). Aber Verfall derselben ungeachtet der Schätze Perus und Mexicos aus Ursachen, welche die Geschichte nachweist. Daher der gegenwärtige Zustand der 10000 Quadrat-Meilen großen Halbinsel weniger blühend, als selbst zur Zeit der gewerb- und kunstfleißigen Araber oder Mauren (Bevölkerung im Abnehmen zwischen 15 — 18 M.)

Ja, Verlust der Amerikanischen Colonien seit dem Jahr 1810, wo Napoleon das Land und Volk mit Krieg überzog.

Anmerkung 2. Ungeachtet der seit der Entdeckung von America und durch dieselbe entstandenen Vernachläßigung der Landes-Cultur, ist Spanien (wie Portugal) noch reich an einheimischen Producten, namentlich an Waldungen und Südfrüchten (in den Stufen- und Küstenländern), an Wein (Mallaga-Wein), Pferden (Andalusische), Schaafen (feinwollige oder Merinos) und andern Erzeugnissen, wie sie die Küste des nördlichen Africas liefert, mit welcher Spanien in Betreff des Klimas und des maurischen Gemisches und Geblütes seiner Bevölkerung Aehnlichkeit hat. Der Oel- oder Oliven-Baum war (wie im südlichen Frankreich und Italien) schon zu den Zeiten der Römer (seit dem 1sten Jahrhundert n. Chr.) das allgemein angebaute und nützlichste Gewächs des Pflanzenreiches (Oliven — Oel — Surrogat der Butter).

§. 85.

Die im Süden des Alpengebirges gelegene und von Theilen des Mittelmeeres umgebene Halbinsel, die Apenninische oder italisch-römische genannt, ist in ihrem Bau, so wie in Gestalt und Form wesentlich verschieden von der westlichen pyrenäischen und östlichen griechischen. Denn es ist eine schmale Gebirgshalbinsel mit einer breiten und tiefen Ebene im Norden (die Po-Ebene, Lombardische Hochebene) und mit Gehängen und Senkungen (Abfällen) nach dem östlichen und westlichen Meere zu, wodurch kleine Stufen- und Plateau-Landschaften entstehen, besonders in den Flußgegenden. Die höchste Erhebung hat die Halbinsel ungefähr in der Mitte, da, wo in den Römerzeiten die Picenter und Samniter wohnten, in der heutigen (nördlichsten) Provinz des Königreichs Neapel, Abruzzo, wo der Gran Sasso über 10000 Fuß hoch aufsteigt. Der Apennin selber ist das Hauptgebirge von Italien oder dasjenige, welches diesem Lande nicht bloß seinen natürlichen oder allgemein-geographischen Namen, sondern auch seine eigenthümliche und besondere Gestalt gegeben hat, aus welcher sich zum Theil der Ursprung, Wachsthum, die Blüthe und Macht des römischen Volkes und Staates erklären läßt. — Offenbar hängt das apenninische Gebirge mit den Alpen (Westalpen) an der Quelle des Po (Padus) im N.W. zusammen. Von hier aus zieht es sich anfangs längs dem Meere (Adriatischen, Genua, Nizza), hierauf durch die Mitte der Peninsula (Halbinsel) südwärts bis zu zwei Landzungen hin, von denen die westliche, Calabrien, in der Urzeit wahrscheinlich mit dem größten Eiland des Mittelmeeres, Sicilien, zusammenhing (jetzt durch die Straße von Messina gesondert); die östliche Landzunge dagegen, Apulien, nach der Halbinsel Griechenland hinweiset, weshalb von hier auch zur Zeit der Römer die Ueberfahrt dorthin ging (Brundusium). Zwischen jenen beiden Landspitzen hat das Meer einen weiten Busen ausgespült, den Tarentinischen (Golf von Tarent), so genannt von der gleichnamigen, auf der Küste gelegenen Stadt, welche (nebst andern) eine Griechische Pflanzstadt war und seit 400 vor Christi Geburt zu einer mächtigen Handelsstadt aufblühete.

§. 86.

Die Halbinsel Italien hat drei Hauptflüsse, im Norden den Alpenfluß Po (Padus), welcher von W. nach O. (wie die Donau — entgegengesetzt dem Rhein) die Ebene (Hochebene, das Plateau) gleichen Namens durchströmt (das Cisalpinien der Römer) und in das Adriatische Meer mündet; in der Mitte zwei Apennin-Flüsse, den Arno (Arnus) und die Tiber (Tiberis), welche in der Nähe ihre Quellen haben und dem westlichen Theile des Mittelmeeres zufallen, und zwar so, daß jener, der Arno, durch das alte Etrurien (jetzt Gebiet von Toscana) floß, dieser dagegen — die Tiber — der Hauptfluß der heimathlichen Landschaft der Römer — von Latium war; denn Rom (unter dem 41° N. Br.) lag (und liegt) zu beiden Ufern derselben, 2 — 3 Meilen vor ihrem Ausfluß. Unter den Seen ist der berühmteste der Trasimenische, im ehemahligen Etrurien, jetzt Lago di Perugia im Gebiet des Papstes (Kirchenstaat).

Da, wo die genannten Flüsse münden oder in der Nähe der Flußmündungen sind die Küsten der Halbinsel theils niedrig und flach, theils sumpfig; die merkwürdigsten Küstenstriche der Art sind die Pontinischen Sümpfe, südlich von der Tibermündung im heutigen Kirchenstaat: ein Umstand, der dort, wie anderwärts in Italien (verbunden mit andern), beiträgt, die Luft und das Klima zu verderben und zu vergiften. Uebrigens läßt sich nach den Flußgebieten das heutige Italien in Bezug auf den öffentlichen Besitzstand und die Staatenverhältnisse bequem und faßlich eintheilen, und zwar folgender Maaßen:

1. das Po-Gebiet oder das östreichische Ober-Italien (zu beiden Seiten des Po),
2. das Arno-Gebiet oder das Großherzogthum Toscana,
3. das Tiber-Gebiet oder der Kirchenstaat,
4. das südwärts davon gelegene Fluß-Gebiet (das eigentliche Unter-Italien) oder das Königreich Neapel.

Dieser Eintheilung entspricht zum Theil auch die alte römische; denn

1. von den Alpen bis zum Apennin, also im N. und S. des Padus, lag das römische Cisalpinien.
2. Zwischen dem Apennin, südlich vom Arnus bis zum Meer und gegen die Tiber hin, lag Etrurien.
3. Von der Tiber ab — oder südwärts folgten Latium, Campanien u. s. w. Merkwürdig demnach, daß die wichtigsten römischen Provinzen und Städte (wie Latium und Rom) auf der Westseite des Apennins lagen, die eigentlichen Pracht- und Glanzstädte, die Sitze des Wohlstandes, der Künste u. s. w. aber bereits vor Rom im Süden der Halbinsel (nämlich die griechischen Colonie-Städte) sich erhoben, wo jetzt Wildniß und Einöde herrschen (so z. B. in Calabrien).

§. 87.

Das Königreich (jetzige) Neapel, nebst der Insel Sicilien, oder das Königreich beider Sicilien befaßt, nebst dem genannten Eilande, das größte und schönste Stück des südlichen Italiens (z. B. das alte Campanien — den ehemahls städtereichen Küstenstrich — Großgriechenland genannt) und enthält auf einem Flächenraum von beinahe 2000 Quadrat-Meilen (wie Portugal) mit 7 — 8 Mill. Einwohn. folgende Hauptstädte:

a) auf dem Festlande (diesseit des Faro), und zwar in dem ehemahligen Campanien (Terra di Lavoro) Napoli (unter dem 40° N. Br.) (Neapolis, Neapel), die Hauptstadt des Königreichs und die volkreichste, schönste, prachvollst gelegene Stadt der Halbinsel mit beinahe 400000 Einwohnern (mehr als noch einmahl so stark bevölkert, als Rom), worunter 80000 schmutzige und eigenthumlose Lazzaronis — mit Lava gepflastert — Plattdächern wie im Orient — von allen Schönheiten und Reizen — aber auch allen Schrecken und Gewalten der Natur umgeben (auf einem vulkanischen Heerde stehend — der Vesuv, Herculanum und Pompeji —) mit Ruinen der römischen Vorwelt bedeckt (Capua — Bajä);

b) auf der 500 Quadrat-Meilen gr. Insel (Sicilien), einer hohen Gebirgsinsel (der 10000 Fuß hohe Aetna), von sehr fruchtbaren (jetzt vernachläßigten und unangebauten) Hochflächen im Innern durchzogen, die Küstenstädte Palermo auf der N. Küste, Handelsstadt mit mehr als 150000 Einwohnern, Messina auf der O. Küste, an der

Meerenge gleichen Namens (50000 Einwohner?). Catania am Fuß des Aetna über 40000 Einw. — die übrigen besonders aus dem Alterthum stammenden Städte liegen in Trümmern oder sind im Verfall, wie z. B. die ehemahlige Hauptstadt Syrakus, ferner Agrigent u. a. Ueberhaupt erscheint Sicilien als das Grab einer großen Vergangenheit — seit der Eroberung durch die Römer — im Verlauf der Punischen Kriege.

Der nördlich von N. liegende (bis zum Po — östlich — reichende) 800 Quadrat-Meilen große und über 2 Mill. Bewohner enthaltende Kirchenstaat oder päpstliche Staat, ist nebst dem Großherzogthum Toscana das Hauptstück des sogenannten Mittelitaliens — und ebenfalls, wenn nicht im Untergang, doch im Verfall begriffen, — eine Ruine aus einer großen und glänzenden Vorzeit, so insonderheit ist die Hauptstadt dieses geistlichen Fürstenthums (des K. St.) die großartigste Ruinen- und Trümmer-Stadt Europa's, mit Denkmälern und Kunstwerken aus der ältesten und jüngsten Periode der römischen Geschichte, aus der heidnischen und christlichen Zeit (Cloaken — Colosseum — Peterskirche), denn von Rom, der Tiber- und 7 Hügelstadt ist die alte und neue Cultur (die griechisch-römische und die christliche) ausgegangen und über das Abendland verbreitet worden, wiewohl sie selbst und die Umgegend, das Gebiet von Rom (Campagna di Roma) ein Bild der sinkenden Größe und Herrlichkeit darstellt, daher auch die Abnahme der Bevölkerung von 1 Million (oder $\frac{2}{3}$ Million) unter Kaiser Augustus bis auf 150000 Individuen.

Blühender als das weltliche Gebiet des Papstes ist, wiewohl nur halb so groß, das Herzogthum (Großherzogthum) Toscana mit den volk- und kunstreichen Städten Florenz und Pisa am Arno und Livorno, Handelsstadt am Meer (erste Handelsstadt des eigentlichen Italiens mit 60000 Einw. worunter 20000 Juden — Handel nach der Levante).

Am volk- und städtereichsten, gewerb- und kunstfleißigsten zum Theil auch blühendsten war, wie im Mittelalter und ist auch jetzt noch das eigentliche Ober- oder Oestreichische Italien oder die Lombardei, denn wiewohl dieselbe nicht viel größer ist als Rom und der Kirchenstaat (zwischen 800 — 900 Quadrat-Meil. — ungefähr der Schweiz gleich an Umfang) so zählt dieselbe doch zwischen 4 — 5 Mill. Einw. wovon in den Hauptstädten Mailand und Venedig über 100000; auch nähren die übrigen bedeutenden Städte wie Mantua, Pavia — im Gebiet des Po — und Verona an der Etsch über 30000 Bewohner, wiewohl Venedig nebst dem auf der Westseite im Gebiete der Königl. Sardinischen Staaten belegenen

Genua ihre Blüthezeit zwischen dem 12 — 15ten Jahrhundert verloren haben (wegen des veränderten Ganges des Welthandels und des Waarenzuges aus dem Orient — der Levante) Genua indes weniger als die Lagunenstadt Venedig.

Anmerkung. Auf die Landes- und Boden-Cultur Italiens haben am meisten eingewirkt in der vorchristlichen Zeit die coloniefühhrenden, städtebauenden und handeltreibenden Griechen und die ackerbautreibenden Römer. Dieselben sind auch die Schöpfer und Urheber des Wein- und Oelbaus (nebst den Griechen) im W. von Europa. Noch jetzt machen die Olive, der Weinstock, der Maulbeerbaum, die Kastanie, so wie die Palmen- und Orangen-Haine den Hauptschmuck der italienischen Flora aus (letztere jedoch nur im Süden!).

§. 88.

Von Belgrad und Orsowa an der Donau fließt dieser Strom abwärts oder gegen Osten hin in einer langen und breiten Thalebene oder in einem Tieflande hin. — Das nördlich von der Donau in diesem ihren untern Laufe gelegene Land gegen die Karpathen hin (Siebenbürgen, Ungarn) nannten die Römer das Land der Dacier (Dacia), welche Kaiser Trajanus (um 100 v. Chr.) besiegte, jetzt heißt es (zum Theil) die Wallachei und Moldau (mit der Stadt Bukarescht und Jassy).

Das südlich von der untern Donau gelegene Land hieß bei den Alten Mösia und befaßt das heutige Bulgarien (Hauptstadt Sophia) und Serbien (Hauptstadt Belgrad), jenes im O. tief gegen das Meer hin, dieses im W. höher — bis zur Save und Drino hin — gelegen.

Aus der tief gegen die Donau hin gelegenen Landschaft Bulgarien (Mösien) erhebt sich der Boden allmählig gegen Süden zu einem mächtigen Gebirge, Hämus (Balkan) (etwa unter dem 42 — 43° N. Br.), welches östlich bis zum schwarzen und westlich bis zum adriatischen Meer reicht (hier mit den Alpen zusammenhängend) vielfache Aeste, Zweige unter verschiedenen Namen nach S. streckt, und eine Wasserscheide zwischen der Donau und dem Mittelmeer bildet, in dem die kleinen Flüsse, die auch an demselben entspringen, theils nördlich zur Donau, theils südlich in das ägäische Meer fließen (so z. B. die Morawa und Maritza) (Hebrus). Ein Hauptast des Hämus erstreckt sich von N. gegen S. als Pindus (Mezzovo).

Alles Land nun, welches südwärts von den Quellen der Morawa, Drino, Maritza und anderer Flüsse, oder von dem Hämus-Gebirge gegen Süden liegt — zwischen den östlichen Theilen des Mittelmeeres (Aegäisches Meer mit dem Archipel im O. — Jonisches Meer mit dem Meerbusen von Adria im W.) und in sehr mannigfaltigen Hebungen, Senkungen, Abdachungen, Stufen und Flächen ein großes Halbeiland bildet, heißt von seinem vorzüglichern (wiewohl kleinern) Theile das griechische Halbinsel-Land. Jedoch begann das eigentliche Griechenland (das alte) erst da ungefähr, wo der Pindus sich von dem Hämus ablöst, vom 40sten Grade der N. Br. ab- oder südwärts. Dagegen wurde alles Land gerade nördlich von dem alten Griechenland Macedonien, westlich davon Illyrien, östlich von Macedonien Thracien, von den Griechen oder Hellenen aber schon das Land der Barbaren genannt. — In so fern nun diese nördlich von dem eigentlichen oder alten Griechenland bis gegen die Donau hin gelegenen Landschaften — größten theils — den Türken oder Osmanen (seit beinahe 400 Jahren) botmäßig geworden sind, während Hellas (das Land der Hellenen) von der Herrschaft der Türken sich frei gemacht und zu einem neuen selbstständigen Staat erhoben hat, können auch jetzt noch jene Landschaften (das eigentliche Balkan-Land) das Barbaren-Land genannt werden (das Land der mahommedanischen Türken — oder Osmanien).

§. 89.

Die Haupt-Bestandtheile des osmanischen Reiches in Europa oder der europäischen Türkei sind: das alte Macedonien — oder das Land, von welchem Philipp und Alexander auszogen, um das südliche Griechenland zu erobern, war ein hohes von Gebirgen (Hämus oder Scardus im N. — Orbebus 10000 Fuß — Rhodope im O. u. s. w.) umgebenes Land (jetzt ein Theil der europäischen Türkei) ein Hochland, welches sich längs den Flüssen Axius (Wardar), Strymon (Karasu) bis zum Meere oder den Busen von Contessa und Salonichi erstreckt, aus welchen eine Halbinsel, Chalcidice mit dem Berge Athos sich erhebt. Die Hauptstadt Salonichi (unter dem 40° N. Br) (das alte Thessalonich) liegt am Meerbusen gleiches Namens und ist die Haupthandelsstadt des übrigens besonders im Innern verödeten Landes mit mehr als 60000 Einw. Eine andere in einer fruchtbaren Ebene am Strymon gelegene Stadt ist Seres mit mehr als 20000 Einw.

Westwärts von Macedonien gegen das adriatische Meer hin, also Italien gegenüber lag die bergige Küstenlandschaft Illyrien und Dalmatien auch wohl (von einem nördlichen Bergzuge) Albanien genannt (Epirus) mit der jetzigen Hauptstadt Scutari.

Ostwärts von Macedonien -- zwischen dem Hämus im N. und dem Rhodope im W. bis zu dem Meere und dessen Theilen lag zu beiden Seiten des Hebrus (Maritza) die Landschaft Thracien (ein Haupttheil des jetzigen Romaniens) mit einer schmalen Halbinsel am Hellespont, Chersones genannt — das Vaterland des Orpheus und anderer berühmten Männer mit der ehemahligen Handelsstadt Byzantium (Byzanz) am Bosporus, dem gegenwärtigen Constantinopel am Ausgang des Bosporus (Thracius) in das Marmara-Meer mit einer halben Mill. Einw., außerdem Adrianopel im Innern des Landes an der Maritza (Hebrus).

Gegenwärtig heißt diese große und fruchtbare Landschaft Romanien oder Rumilien und ist der Haupttheil der europäischen Türkei oder des Osmanischen Reiches in Europa. Uebrigens ist dieselbe, wie das westliche Illyrien, als eine gegen das Meer hin abfallende Stufenlandschaft des Hochplateaus von Macedonien zu betrachten.

Die vorgenannten Landschaften Macedonien, Thracien (Romanien), nebst Thessalien (Siehe unten), Albanien, Hoch- und Gebirgsland — auf und am Balkan-Gebirge — so wie Bulgarien, Serbien, Bosnien, meist Flach- und Tieflandschaften im N. und N.W. des B., nebst mehreren Inseln im S. der Halbinsel (Candia) bilden zusammengenommen die heutige Europäische Türkei, welche etwa so groß als Spanien ist (an 8000 Quadrat-Meilen), wiewohl in den Kriegen mit Rußland und den Neu-Griechen bedeutende Stücke, theils verloren, theils minder abhängig (und frei) geworden sind (Moldau, Wallachei, Serbien).

Anmerkung. Die europäische Türkei (wie die asiatische) ist eine aus Eroberungen und Trümmern (des griechisch-byzantinischen Kaiserreiches) vor 400 Jahren entstandene Nomaden-Herrschaft, unter deren Druck und Despotie (gleich einer Kriegs- und Raubhorde) das Land zur Einöde und Wüste und das Volk zum Knecht und Schlachtopfer geworden ist. Die noch vorhandenen Städte sind daher nur Ruinen der Vorzeit und nicht eine neu gegründet oder durch die Türken blühend geworden. Diese als Gewalthaber und Herrscher machen jedoch nur den kleinsten Theil der Bevölkerung aus (etwa 2 Mill.) der größte Theil ist griechischen und slavischen Stammes oder eine Mischart von beiden. Merkwürdig sind die Bemühungen des jetzigen Sultans (Mahmud II.), seinen türkischen Unterthanen, obgleich Mohammedaner, europäische Sitte und Bildung zu geben.

§. 90.

Südwärts von Macedonien (Thracien, Illyrien) von da etwa abwärts, wo der durch Dichter (Homer) berühmte Götterberg Olympus sich erhebt und der Cambunische Höhenzug streicht (ungefähr unter dem 40°) liegt das eigentliche Griechenland, das Land der Hellenen (Hellas) ein Gebirgsland, wie die gesammte griechische Halbinsel, welche zu beiden Seiten des Pindus (Mezzovo) und Parnassus in vielfachen Berg- und Thallandschaften bis dahin geht, wo das Meer von O. und W. her zwei bedeutende Busen in das Land gespült, jedoch eine hohe Landenge, den Isthmus von Corinth belassen hat. Dieser Isthmus macht eine natürliche Grenze zwischen dem nördlichen und südlichen Griechenland, oder zwischen Hellas und dem Peloponnes. Auch sind beide Hälften von Natur anders und verschieden gestaltet und gebildet.

Nord-Griechenland (d. h. alles griechische Land außer der südlichsten oder peloponnesischen Halbinsel) wird durch das Oeta-Gebirge mit dem berühmten Engpaß von Thermopylä (die Thermopylen) in mehrere nördliche und südliche Landschaften gesondert.

Jenseit oder im N. des Oeta lagen Thessalien (Janiah) und Epirus (Albanien). Jenes eine hohe fruchtbare Bergfläche oder eine rings von Gebirgen umgebene hohe terrassenförmige Ebene zu beiden Seiten des Peneus (Salambria), welcher von W. gegen O. zwischen dem Olymp im N. und dem Ossa im S. durchbrechend das Thal Tempe bildete. Dieses eine wilde, zum Meere abfallende Küstenlandschaft mit dem Vorgebirge Actium, wo der Triumwir Augustus die Flotte des Antonius und der Cleopatra besiegte und durch diesen Sieg die Weltherrschaft errang.

Diesseit oder im S. des Oeta (des Grenzgebirges zwischen Thessalien und dem übrigen Griechenland) oder in dem heutigen Livadien, lagen mehrere kleine Berg- und Terrassenlandschaften, unter welchen die südlichsten beiden Böotien oder das Gebiet von Theben und Attica oder das Gebiet von Athen (mit der vorliegenden Insel Euböa, Negroponte) die berühmtesten sind. — Athen die jetzige Haupt-Residenz-Stadt des Königs Otto von Griechenland — einst die Lehrerin Roms und der Welt — mit 30 — 40000 freien Bürgern — erhebt sich jetzt aus seiner Asche und seinen Trümmern wieder und zählt bereits über 10000 Bewohner — nicht so Theben — die Hauptstadt Böotiens.

Die südlichste Halbinsel (die Pelops-Halbinsel — Peloponnes) von Griechenland oder der im Süden des Isthmus gelegene Theil von Griechenland ist ebenfalls ein Bergland, mit einer hohen Bergfläche in der Mitte, wo die alte Landschaft Arcadien, das Land der Hirten lag. Von diesem kleinen Arcadischen Hochlande, von seinem jetzigen Hauptorte auch das Plateau von Tripolizza genannt, senken sich die übrigen

Landschaften zur Küstenfläche ab; unter denselben war die berühmteste, die südlichste, Laconien (Lacedämon) oder das Gebiet von Sparta. So wie im Norden — auf dem Isthmus — das Gebiet von Corinth.

Beide Gebiete — Laconien und der Isthmus — enthielten zur Zeit der Blüthe Griechenlandes die beiden Hauptstädte des Peloponnes Sparta und Corinth, welche jedoch jetzt bis auf die Namen (Kordos — Misitra), theils umgewandelt, theils vernichtet sind, wiewohl die Bewohner der Landschaft von Sparta (Maina — Mainotten) an die alten kriegerischen Spartaner erinnern. Dagegen sind Nauplia und Navarin (auf den Küsten) neuerblühet und in dem Befreiungskampfe der Neugriechen denkwürdig geworden.

Anmerkung. Morea war im Mittelalter (so wie später) zum Theil der Herrschaft der Venetianer unterworfen und galt für eine Station des Handels nach Kl. A. und dem Schw. M. (Levantischen Handels); in neuester Zeit (seit 1820) ward Morea (nebst den Inseln) der Heerd und Sitz des Aufstandes gegen die türkischen Barbaren.

§. 91.

Westlich von Griechenland oder längs der Westküste bis zur Spitze von Morea liegen die griechischen Eilande Corcyra (Corfu), Cephalonia, Zakynthus (Zante) u. a. zusammen 7 — welche zur Zeit der Blüthe und Macht Griechenlands ohne Wichtigkeit und Einfluß waren — jetzt aber als ein freier Verein von Städten und Gebieten unter englischem Schutze — eine Art von Freistaat (die 7 Insel-Republik) bilden — etwa 50 Quadrat-Meilen gr., jedoch mit fast 200000 Einw. und wie durch Fruchtbarkeit und Handelsthätigkeit (Wein, Rosinen, Oel u. s. w.), so auch insonderheit durch die Gesittetheit und Bildung ihrer Bewohner ausgezeichnet sind; weshalb denn auch die Erhebung und Befreiung des continentalen Griechenlandes mit von diesen (wie von den Inseln des Archipels) ausging.

Anmerkung 1. Wenn das griechische Halbinsel-Land einen Flächenraum von ungefähr 6000 — 7000 Quadrat-Meilen einnimmt, so kommen davon auf das alte Griechenland etwa 2000 Quadrat-Meilen, auf das neuere kaum 1000 Quadrat-Meilen (zwischen 36 — 40° N. Br.) woraus allein schon folgt, daß dasselbe in seinem alten Umfange nicht wieder hergestellt worden. Die Hauptbevölkerung machen jedoch Griechen (Neu-Griechen) als mit Slaven gemischte Nachkommen der alten Hellenen (Jonier) aus, welche letztern, ein gewerbfleißiges und kunstsinniges Volk, die Halbinsel seit 1500 v. Chr. entwilderten und mit den Denkmählern ihrer Kunst und Wissenschaften erfüllten, bis dieselben zuerst von den Römern, nach 150 v. Chr., später von den Germanen, Slaven

(Gothen, Bulgaren) verwüstet und zum Theil zu einer Einöde gemacht wurde. Die Osmanen seit 1500 vollendeten die Zerstörung und Knechtschaft.

Anmerkung 2. Das neuere Griechenland ist ein Königreich — das ältere — war ein Verein freier Staaten oder Republiken. Von denselben ging, wie in Italien von der römischen Republik — und später von den freien Städten und Staaten — Venedig, Genua, Mailand, Florenz u. a. alles Große und Edle aus, was dieselben verherrlicht und zu Lichtträgern der Cultur erhoben hat,

§. 92.

Da, wo die Ostsee (Vergl. §. 12.) als Bothnischer Busen nordwärts und das nördliche Eismeer, vergl. §. 4., als weißes Meer südwärts (südwestwärts) in das Land eingedrungen ist hat die Natur ein großes Halbinsel-Land gebildet, das Scandinavische oder die Halbinsel Schweden und Norwegen ihrem Haupttheile nach genannt (13 — 14000 Quadrat-Meilen gr.). Dieselbe erhebt sich steil und hoch zwischen zahlreichen Buchten (Fiorden) aus dem Nordatlantischen Ocean bis zu dem Kamm eines Gebirges, welches im Allgemeinen den Namen Kiölen (Kjölen) führt (im N. Lappländisches G.) und sowohl seiner Höhe nach — (den Bergflächen 5 — 6000 Fuß (Fielde), die Bergspitzen (Nadeln) 7 — 8000 Fuß) als auch in Ansehung seiner übrigen Natur (Gletscher, Bergseen u. s. w.) ein Alpengebirge, nämlich das nordeuropäische ist. Dieses Gebirge scheidet die Halbinsel in zwei von Natur verschiedene Theile, in eine kleinere westliche und eine größere östliche Hälfte. Alles Land nämlich, welches von dem nordatlantischen Meere aus bis zu dem Gebirgsrücken sich erhebt und von den Kiolen durchzogen südlich bis zur Nordsee (Skagerack — Cap Lindenäß) und nördlich bis gegen den 70° hin, wo die Kiolen zu den lappländischen Gebirgen abfallen, heißt Norwegen, so wie der nördlichste, zwischen dem Eis- nud weißen Meere und dem Bothnischen Busen gelegene Theil Lappland oder Sanieland, jenes mit der Hauptstadt Christiania (59° N. Br.), in der südlichen Abdachung zum Cattegat in der Nähe des Glommen Stroms; dieses ohne Städte von nomadisirenden Lappen bewohnt. Alles Land dagegen, welches stufenförmig zum Bothnischen Busen gegen W. abfällt und gegen Süden zur Ostsee in weite, mit Seen bedeckte und von zahlreichen kleinen Flüssen durchzogen, sehr fruchtbare und ergiebige Ebene sich ausbreitet (die Gothländische Ebene) heißt Schweden mit der Hauptstadt Stockholm (unter gleicher Breite mit Christiania) auf der Küste am Mälar-See, den

Aalands-Inseln gegenüber, Seehandels- und Residenzstadt mit 70 — 80000 Einwohnern.

Da endlich, wo die Lappischen Bergzüge südostwärts in die Finnischen zwischen dem Bothnischen Meerbusen und dem weißen Meere übergehen, breitet sich bis zu dem finnischen Meerbusen und dem Ladoga- und Onega-See hin das Land der Finnen oder Finnland aus ein mit Seen und Felsboden bedecktes und nur an dem südlichen Küstenstrich cultivirtes und culturfähiges Land, welches ostwärts in die osteuropäischen (oder russischen) Ebenen übergeht.

Anmerkung. Skandinavien ist ein an großen und erhabenen Naturscenen nicht minder als an Producten reiches, von einem kräftigen und heldenmüthigen Volke germanischen Stammes bewohntes Halbinselland, welches seit Gustav Wasa's Zeiten den Norden von Europa beherrschte (von 1520 — 1720) — (die Nordischen Alpen mit ihren Gletschern, Eisfeldern, Abgründen, Wasserfällen, Seen — die unerschöpflichen Erzlager, Eisen- und Kupfergruben, die Waldungen, Pelzthiere (Rennthiere mit den halbnomadischen Lappen im äußersten Norden) die blühenden Getreidefluren im Süden).

§. 93.

Südwestlich von der Scandinavischen Halbinsel liegen die Dänischen Halbinseln und Inseln zwischen der N. und O. See (bis zum 58° N. Br.), welche

a) aus der Halbinsel Jütland
b) aus mehreren großen und kleinen Eilanden (nebst dem im N. atlantischen Ocean gelegenen Island) (bis zum 70° N. Br.) den Dänischen Staat oder das Königreich Dänemark bilden, und wiewohl 2500 Quadrat-Meilen groß (fast so groß als England), doch nur zwei Mill. Einw. haben (wogegen England über 10 Mill.) — weil Island (eine gebirgige Eis- und Schneeinsel auf 1800 Quadrat-Meilen nur 50000 Einwohn. nährt); das Ganze ist ein von Meerestheilen zerschnittenes und zerstückeltes, meist sehr fruchtbares Insel- und Tiefland, die Fortsetzung und das Ende der großen norddeutschen Ebene zwischen Oder und Elbe, übrigens ein ursprüngliches deutsches oder germanisches Land, wie Schweden und Norwegen, auch mit denselben über 1 Jahrhundert politisch — zu Einem Reiche — verbunden gewesen — die Heimath der Cimbern, welche mit den Teutonen zuerst Rom und Italien in Furcht und Schrecken setzten (Marius) und zum Theil auch der spätern Normannen, welche von Frankreich aus England eroberten (1056 Wilhelm der Eroberer).

Die Hauptstadt Dänemarks liegt auf der Hauptinsel auf der von Schweden durch den Sund geschiedenen Insel Seeland (unter dem 55° Br.) und heißt Kopenhagen, Residenz des Königs mit mehr als 10000 Einw. (also volkreicher als Stockholm). Westlich davon — durch den großen Belt von Seeland und den kleinen Belt von Jütland geschieden, liegt die Insel Fünen mit der Hauptstadt Odensee.

§. 94.

Das größte Eiland (ungefähr 4000 Quadrat-Meilen groß) nicht bloß des westlichen oder nördlichen Europas, sondern des gesammten europäischen Continents, ist das zwischen dem nordatlantischen und deutschen Meere gelegene und südwärts durch einen Canal (La Manche — Pas de Calais) von dem Festlande (Frankreich) getrennte Britannien (Großbritannien) ein im Süden flaches und ebenes, dagegen im Westen und Norden höher sich erhebendes und besonders im N. in ein rauhes und wildes, jedoch auch schönes und mahlerisches Hochgebirge von 4 — 5000 Fuß übergehendes Eiland. Dieser nördliche höhere (zugleich kleinere und schmalere Theil des Insellandes) heißt Schottland oder das Schottische Hochland mit der Hauptstadt Edinburgh auf der Ostküste und hat in der Bildung seiner Oberfläche und seiner Küsten (Steilküsten) Aehnlichkeit mit der Halbinsel Scandinavien vornehmlich mit dessen N.W. Hälfte Norwegen; jener westliche zwar hohe, jedoch minder hohe Theil (als Schottland), eine kleine Küsten- und Berglandschaft heißt Wales (das Wälische Hochland) mit der Hauptstadt Tembroke und dem Fluß Saverne.

Alles übrige im S. von Schottland (etwa vom 55° N. Br. abwärts) und im O. von Wales gelegene und als eine wellenförmige sehr fruchtbare, vorzüglich (park- und gartenartig) angebauete und reich bevölkerte Ebene sich ausbreitende Land ist das eigentliche England (Alt-England), d. h. das durch die deutschen Angeln und Sachsen um das Jahr 450 von den Römern, die Britannien seit dem 1sten Jahrhundert v. Chr. besetzt und in demselben Colonien angelegt hatten, eroberte und bis auf die Zeiten der Normannen (gegen 1100 hin) behauptete Land mit der Hauptstadt London auf der Ostseite an der Themse, dem Hauptfluß Englands und Britanniens, so wie London selbst die Hauptstadt desselben und die größte und bevölkertste Handelsstadt E. ist (mit 1 Mill. Einw. und darüber). Britannien oder Schottland und England westlich gegenüber liegt noch ein zweites Eiland, das Land der Iren oder Irland, welches etwa halb so groß ist als Britannien und an Boden, Fruchtbarkeit, Bildung der Oberfläche und Küsten Aehnlichkeit mit England (jedoch ohne dessen Cultur und Wohlstand) hat und mit demselben wie mit Schottland zu Einem Staate oder Reich verbunden ist: Großbritannien und Irland; die Hauptstadt von Irland heißt Dublin auf der Ostküste gelegen, der Hauptfluß Shannon auf der Bucht- und Hafenreichen Westküste.

Anmerkung. Den Grund zur Cultur Britanniens (wie Galliens und Spaniens) legten die Römer durch Colonien und Ackerbau. Mit der Völkerwanderung trat eine Zeit des Kampfes und der Verwilderung ein (von 400 — 600) bis das Christenthum Wurzel faßte und die Agricultur wieder emporhob.

§. 95.

England etwas über $2\frac{1}{2}$ Tausend Quadrat-Meilen groß hat über 12 Millionen Bewohner (über 4000 auf 1 Quadrat-Meile) und mehr und volkreichere Städte nicht bloß als Schottland und Irland zusammengenommen, sondern als irgend ein Theil (Staat) des europäischen Festlandes (zum Theil eine Folge der Staatsverfassung, der Handelslage und des dadurch bewirkten Gewerb- und Kunstfleißes). Namentlich liegen außer der Welthandelstadt London an der Themse — im Gebiet des Humber — die größte Fabrikstadt des Landes Birmingham mit mehr als 100000 Einw. Noch volkreicher ist die Fabrikstadt Manchester über 150000 Einw. unfern des Flüßchens Mersei — an dessen Mündung in das irländische Meer die zweite Handelsstadt Englands liegt: Liverpool mit beinahe 140000 Einw., so wie südlich an der Mündung der Saverne Bristol nach London und Liverpool die größte Handelsstadt E. mit fast 90000 Einw. Auf der südlichen Küste liegen die Hafen- und Handelsstädte Portsmouth und Plymouth so wie hoch im N. gegen die Schottische Grenze hin Newkastle mit dem merkwürdigen Steinkohlen-Bergwerke (Dampfmaschinen und Dampfwagen).

Die Hauptstädte Schottlands sind, außer Edinburgh und Leith (Hafenstadt) mit 120000 Einw. das noch volkreichere Glasgow auf der Westküste — beide in Südschottland — im mittlern Theile von Sch. auf der Ostküste Aberdeen mit 50000 Bew. Da Schottland wiewohl 1500 Quadrat-Meilen groß, als Hoch- und Gebirgsland (zum Theil unfruchtbares) nur etwa 2 Millionen Einw. nährt: so sind die Städte weniger zahlreich und untergeordneter Art. Das flache und fruchtbare Irland zählt außer Dublin nur noch Cork und Limerik (im Süden — letztere am Shannon —) als eigentliche Großstädte, im übrigen aber ist es bevölkerter als Schottland, auf 13 — 1400 Quadrat-Meilen über 7 Millionen Einw. (an 5000 M. auf 1 Quadrat-Meile) worunter jedoch mehr als $\frac{2}{3}$ Katholiken sind.

Anmerkung. Großbritannien und Irland — zusammen zwischen 5 — 6000 Quadrat-Meilen gr. mit 20 uud einigen Tausend Mill. Bew. bilden das Britische Reich in Europa, wovon das außereuropäische — ungefähr 20 Mahl größere unterschieden werden muß. Denn es ist fast kein Continent und kein Ocean, in welchem die Engländer als die Phönizier und Karthager der neuen Welt nicht mittelbare oder unmittelbare Besitzungen haben (vergl. die britische Länder in Ost- und Westindien und N. Am. die nebst andern einen Flächeninhalt von 100000 Quadrat-Meilen und mehr enthalten). Daher und wegen seines Welthandels verbunden mit den einheimischen durch das Maschinenwesen außerordentlich vervollkommten Fabriken und Manufakturen ist denn Großbritannien auch der mächtigste Seestaat und einer von den fünf Großstaaten des Europäischen Continents. Diese Macht (Uebermacht) verdankt England theils seiner Weltstellung (geogr. Lage und Verhältnissen), theils seiner staatsbürgerlichen Verfassung, theils seinen einheimischen Produkten (Steinkohlen), theils seinem milden Klima (nirgends eigentlich Winter- und Stubenöfen) so wie dem fruchtbaren Boden, theils endlich andern Umständen und Ereignissen, welche die Geschichte nachweist.

Die Continente oder die fünf Erdtheile,

an und für sich oder nach ihrer besondern physischen Gestaltung und historischen Bildung betrachtet.

Der Americanische Continent.

(§. 96 — 110.)

§. 96.

America, nämlich terra, d. h. das von Amerigo (Vespucci) zuerst beschriebene, wiewohl von Columbus 10 Jahr früher (1492) entdeckte große Festland, liegt westlich von Europa und Africa (im W. des Meridians von Ferro) oder jenseit des atlantischen Oceans, und demnach auf der westlichen Hälfte der Erdkugel oder auf der westlichen Erdhalbkugel (Hemisphäre). Hier erstreckt sich dasselbe zu beiden Seiten des Aequators in die nördliche und südliche Halbkugel oder gegen die beiden Pole hin (zwischen 54° S. Br. und 74° N. Br.), besonders gegen den Nordpol in einer alle übrigen Continente überragenden Länge von ungefähr 2000 geogr. Meilen, wogegen seine Breite von W. gegen O. nur 500 — 600 Meilen beträgt (d. h. ungefähr eben so viel, als die Breite Europas von S. nach N.). Hiernach erscheint America seiner allgemeinen Ausdehnung oder seiner Länge und Breite nach als ein sehr langer und sehr schmaler Continent. Da derselbe auf der westlichen Hemisphäre (Halbkugel) ausgebreitet liegt, welche größtentheils mit Wasser bedeckt ist; so erscheint er überdies als eine von den vier Hauptmeeren umgebene große Insel, oder als ein insularer (inselartiger) Continent und zwar im N. und S. von den Polar-Meeren umfluthet und in O. und W. — dort von dem atlantischen, hier von dem australen Ocean, welcher in weiter Ferne America von Asien scheidet (Neuholland 2000 M. entfernt —). Das wichtigste und eigentlich verbindende Meer ist das Atlantische; denn es ist das Meer der Passage des Handelsverkehres zwischen Europa und America (Alte und Neue Welt), welches letztere daher auch Transatlantien im engern Sinne genannt werden könnte.

Anmerkung. Das Atlantische Meer ist das Handelsmeer der neuern Welt und Zeit, wie es das Mittelmeer im Alterthum war und der Austral-Ocean in Zukunft sein wird.

Ungefähr in die Mitte des Continents ist das Meer (von Osten her oder das Atlantische Meer) eingedrungen und hat alles Land bis auf mehrere große und kleine Inseln und einen Theil des Festlandes von America selbst überschwemmt oder hinweggespült. Dieser letztere übrig gebliebene Theil — aus Fels und Granit bestehend und hoch aufsteigend zu einer Gebirgsmauer — ist eine hohe und schmale Erdenge (ein Isthmus) und zwar diejenige, welche die nördliche und südliche Hälfte des Continents mit einander unauflöslich verbindet. Dieser (5 — 6 M. br.) Isthmus heißt daher der Americanische oder die Erdenge von Panama (P. eine Handelsstadt auf der Küste — in Columbien) und hat in Ansehung seiner Höhe Aehnlichkeit mit dem Kaukasischen Isthmus oder dem von Corinth, wogegen die Landenge von Suez sehr gegen ihn abfällt.

Anmerkung. Von der Höhe des Isthmus aus wurde durch einen Spanier Balboa erst 20 Jahr nach der ersten Landung des Columbus, das Austral-Meer entdeckt.

Die Natur selbst hat also den nordamericanischen Continent in zwei Hälften gesondert, in ein Nord- und ein Süd-America, welche die eben erwähnte Landenge vereinigt, das vorbezeichnete Meer aber scheidet. Dieses heißt dort seinem nördlichen Theile nach der Meerbusen (Golf) von Mexico, hingegen in seinem größern südlichen Theile das Antillen-Meer.

Die Grenzscheide zwischen beiden macht — theilweise — eine lange, queer vorliegende Insel Cuba genannt (2000 Quadrat-Meilen gr.). Diese Insel mit den übrigen größern und kleinern, welche in der Nähe liegen, bildet den dritten Theil von

America, den mittlern, welcher daher Mittelamerica oder auch West-Indien genannt wird. Der letzte Name ist auf historischen Wege und durch ein Vorurtheil des Columbus entstanden, übrigens besteht dieses Mittel-America meist aus Inselgruppen und könnte daher auch der americanische Archipel genannt werden (4 — 5000 Quadrat-Meilen gr.) wiewohl jüngst auch ein Theil des dortigen Festlandes (Guatemala sonst der südlichste Theil Mexico) den Namen Mittelamerica (freies) erhalten hat.

Anmerkung. Auf einer von den Westindischen Inseln (Guanahani oder St. Salvador — Rettungsinsel) landete Columbus 1492 (von Andalusien aus); von Cuba aus geschah die Entdeckung des Continents, besonders Mexicos. Uebrigens war des Columbus Idee, auf einem westlichen Seewege — Ostindien zu erreichen — was erst dem Seefahrer Magelhaen 1520 gelang.

§. 97.

Von den Westindischen Inseln (Antillen) ging die Entdeckung des übrigen Americas — zunächst des nördlichen — aus. Betrachten wir daher diesen Theil zuerst und näher — und zwar in Bezug auf das ihn umgebende Meer und dessen Einfluß, so finden wir, daß dasselbe auf der östlichen oder auf der Seite des atlantischen Meeres zwei Halbinseln gebildet hat, im S. Florida; in der Mitte Acadien (Neu-Schottland) im N. Labrador. — Vielleicht, daß auch im N. von Labrador — am und im Polarmeere noch andere Halbinseln liegen, wie z. B. Baffinsland, Grönland, wenn dieselben nicht vielmehr Inseln sind. — Eben so sind auf der westlichen Seite oder auf der Seite des australen (Süd-) Meeres von demselben mehrere Halbinseln gebildet, wie im S. Californien (unter gleicher Breite mit Florida) im N. Alaschka (unter gleicher Breite mit Labrador); — anderer nicht zu gedenken.

Vergleichen wir in Ansehung der Bildung von Halbinseln Nordamerica mit Südamerica, so lehrt Ein Blick auf den Globus, daß hier nirgends große Halbinseln hervortreten (so wenig als bei Africa); überhaupt aber ist zu bemerken, daß die americanischen Halbinseln der Mehrzahl nach zwar auf der Ostseite des Continents liegen, jedoch bis dahin noch keine Wichtigkeit, wenigstens nicht diejenige Wichtigkeit erlangt haben, welche mehrere Halbeilande Europas und Asiens auszeichnet (z. B. Italien, Griechenland, Klein-Asien, Ostindien). — Ferner zeigt ein vergleichender Blick auf den Globus, daß beide Haupttheile von America (N. und S. A.) von ziemlich gleicher Größe sind (zusammen 6 — 700000 Quadrat-Meilen), endlich, daß sie beide eine trianguläre Gestalt haben oder die Figur von Dreiecken bilden (unvollkommnen) deren Spitzen im Süden liegen.

Anmerkung. N., S. und Mittelamerica waren Jahrhunderte hindurch nur ein europäisches Colonien- und Handelsland und Westindien ist es bis auf Domingo (Haiti) noch; dagegen sind N. und S. A. (jenes zuerst) seit dem Ende des 18ten und dem Anfang des 19ten Jahrhunderts frei, unabhängig und selbstständig geworden.

Vergleicht man ferner die Ost- und Westküste von America und die Einwirkung des Meeres auf beide, so zeigt sich, daß dasselbe auf der Ostküste nicht bloß mehr Halbinseln, sondern daß auf eben derselben auch mehr Inseln als auf der Westküste gelegen sind. Denn hier erblicken wir zunächst in der Mitte die Reihen und Gruppen der Westindischen Inseln (große und kleine Antillen), sodann nördlich davon zwischen den Halbinseln Labrador und Neuschottland vor einem Meerbusen die Insel Neufundland und endlich hoch im Norden — im Polarmeer — Grönland nebst Spitzbergen wiewohl Grönlands insulare Natur noch nicht erwiesen, und Spitzbergen als auf der östlichen Halbkugel gelegen vielmehr zu Europa zu rechnen ist. In entgegengesetzter Richtung und gegen das südliche Polarmeer hin liegen die Feuerlands- und Falklands-Inseln, von denen jene als ein abgerissenes Stück oder Glied der Südspitze von S. A. erscheint, die dadurch entstandene Meeresfuhrt heißt die Magelhaens-Straße und ist eine Passage aus dem Atlantischen in den Austral-Ocean. Weniger wichtig — und zum Theil noch unbevölkert sind die Inseln auf der Westseite des Continents, wohin im Süden die Chiloe-Inseln, so wie im Norden — an der N.W. Küste die Vancouvre-Insel und die Kette der Aleuten gehören, welche sich bogenförmig von der Halbinsel Alaschka bis nach Kamtschatka hinüber ziehen und eine Brücke zwischen beiden Continenten bilden. Uebrigens sind die vorgenannten Inseln nur die wichtigsten und diejenigen, nach welchen sich die andern leicht auffinden und bestimmen lassen.

Ueberblicken wir endlich sowohl die Inseln und Halbinseln, als auch das feste Land nach ihrer Lage, Größe, Grenzen u. s. w. so lernen wir auch die eigentliche Erstreckung und Ausdehnung des Continents oder die Länge und Breite desselben kennen. Wir bezeichnen dieselben im Allgemeinen durch einige der äußersten Enden und Spitzen der Gestade und Küsten.

So liegen die südlichsten Caps an 800 Meilen von dem Aequator entfernt, Cap Forward, Cap Horn unter dem 53 — 54 Grad südlicher Breite; die nördlichsten Landspitzen (wiewohl noch unbekannt) erstrecken sich wahrscheinlich bis zum 70 und 71 Grade nördlicher Breite, also über 1000 M. nordwärts vom Gleicher; bekannter ist die Nordwest-Spitze, das Prinz Wales Cap gegen die Behrings-Straße (dem Ost-Cap in Asien gegenüber), so wie die östliche Spitze von S. America das Cap Roque.

Anmerkung. Der äußerste von Europäern erreichte Punkt ist der 82° N. Br. — daß Grönland eine Insel sei, hat die letzte Polarexpedition höchst wahrscheinlich gemacht.

§. 98.

Indeß weder die Länge noch die Breite, überhaupt der Flächenraum, läßt allein und an und für sich die natürliche Beschaffenheit, Gestalt und Form oder den Bau des Continents erkennen; sondern hiermit ist die Betrachtung seiner Höhe und deren Verhältnisse zu verbinden, welche der Globus ebenfalls anschaulich macht. Ein genauer Blick auf denselben zeigt, daß die Westliche Seite hoch aus dem Meere (dem australen) aufsteigt und die östliche (besonders im südlichen Theile des Continents) weit überragt. Diese Erhabenheit oder Hervorragung (das eigentliche Relief des Erdtheils) erscheint seiner übrigen Formation nach als ein mächtiges Gebirge und zwar als ein Kettengebirge erster Klasse, an Höhe den Riesengebirgen der Erde gleich, was nicht bloß die weißgetüpfelten Spitzen und Kuppen desselben auf dem Globus zeigen (die Schneegipfeln bezeichnend), sondern auch alle Reisen und wissenschaftliche Untersuchungen (Messungen) beweisen. Ja, es steigt dieses Riesengebirge über die Grenze des ewigen Schnees, d. h. weit über 8000 — 10000 Fuß empor, indem es sich beinahe zu der Höhe des asiatischen Himalaya d. h. über 20000 Fuß erhebt. Dergleichen hohe Schneegipfeln, gleichsam ermporstarrende Riesenhäupter meist Vulkane des gewaltigen Gebirgskolosses sind z. B. der Catopani, der Antisana — der Tichincha — und vor allen der Chimborazo über 20000 Fuß hoch (unter dem 1° S. Br. in der Provinz Quito) wiewohl derselbe nebst seinem Nachbarn auf einem hohen Fußgestell oder auf einer Hochebene von 10 — 12000 Fuß (über dem Meere) steht, wie auch der Montblanc in Europa.

Bemerkenswerth bleibt daß diese hohen Spitzen des großen und größten Gebirges von America in der Nähe des Aequators liegen. Die höchsten Piks aber oder die eigentlichen Riesenhäupter liegen unter dem 15 — 16° S. Br. (also ungefähr 200 M. südlicher) in Ober-Peru und heißen Illimani und Sorata; (letzterer über 23000 Fuß absoluter Höhe). Uebrigens heißt das Gebirge selber schlechtweg das Kettengebirge oder im Spanischen Cordilleras mit dem Zusatz de los Andes, von dem peruanischen Worte Antis Kupfer — also vollständig Cordilleras de los Andes oder das große Ketten- und Kupfergebirge. — Dasselbe beginnt jedoch nicht erst unter oder in der Nähe des Gleichers, sondern erhebt sich bereits auf dem Südende oder an der Südspitze des Continents bei der Magelhaëns-Straße und zieht von hier (insonderheit von 40° S. Br.) in mehrern parallelen Reihen oder Zügen durch ganz Süd-America (wo es sich, wie bereits bemerkt, am höchsten erhebt), über die Landenge von Panama (5000 Fuß hoch) nach Nordamerica zum Theil unter dem Namen Felsgebirge. Hier in N. A. setzt es sich fort im äußersten Norden bis gegen die Behrings-Straße und das Polar-Meer hin, indem es sich nach und nach verflächt und verliert. Einer der letzten hohen Bergpyramiden ist der Eliasberg über 16000 Fuß hoch (unter dem 60 Grade N. Br.). Merkwürdig sind die außerordentliche Länge dieses Gebirges (über 1800 geogr. Meilen, also um die Hälfte länger als das Himalaya-Gebirge) und die unverhältnißmäßig geringe Breite (von 15 Meilen), so wie die tiefe Einsenkung desselben zwischen dem 20 — 15° S. Br. in dem Becken des Piticaca-Sees, welches jedoch über 10000 Fuß hoch liegt, und jenseits des Isthmus in dem noch 6000 Fuß hohen Nicaraqua-See. Daher sind denn auch die hohen Flächen, welche auf dem Rücken der Cordilleren sich ausbreiten, oder die Berg- und Hochflächen derselben (Hoch-Plateaux) nur schmal (mehr lang als breit), sind keine eigentlichen Hochländer, sondern nur Hochebenen. Als die wichtigsten derselben merke man,

a) in Süd-America, die Hochebene (Bergplatte) La Paz (in Peru) und Quito (in Granada — jetzt Columbien),
b) in Nord-America die Hochebene von Anahuac oder Mexico (Méchiko).

Das Plateau von La Paz hat seinen Namen von der Stadt La Paz und liegt in der großen Landschaft Peru (Ober-Peru) über 10000 Fuß (vom Meere aus) hoch; auf demselben breitet sich der See Piticaca aus, über welchem der Illimani-Berg (unter dem 16° S. Br.) sich erhebt, welcher weit über 20000 Fuß (an 23000 Fuß) hoch also höher als der Chimborasso ist.

Das Plateau von Quito liegt nördlicher unter dem Aequator in der großen Landschaft Granada über 8000 Fuß hoch und trägt auf seinem Rücken die höchste Stadt der Erde, Quito.

Das Plateau von Mexico heißt so von der gleichnamigen Stadt, welche bereits im 14ten Jahrhundert gegründet wurde, und nördlich vom Isthmus unter dem 20 Grade N. Br. 7000 Fuß hoch liegt. — Uebrigens sind alle diese Hoch-Plateaux von den höchsten Reihen und Gruppen der Cordilleren (zum Theil von Vulkanen) und Gebirgsseen umgeben und wie eingefaßt, wegen ihrer hohen Lage kühl, jedoch fruchtbar, reich angebaut und bevölkert — reizende Alpenlandschaften, daher auch die ursprünglichen Wohnsitze der ältesten und civilisirtesten Volksstämme von America (Peruaner, Mexicaner).

Anmerkung. Kein Spanier hat die Piks der Cordilleren gemessen und das Hochland von Quito und Mexico erforscht, sondern ein Deutscher — Alexander von Humboldt (der Cook des Festlandes).

§. 99.

Das americanische Kettengebirge giebt dem ganzen Continent seine eigenthümliche Beschaffenheit oder wie man zu sagen pflegt, seinen besondern (physischen) Charakter denn dasselbe

a) senkt und verflächt sich allmählig gegen Osten (während es in Westen mehr oder weniger steil abfällt und einen schmalern oder breitern Küstenrand bildet) und breitet sich hier in Flächen und Ebenen aus, die an Größe und wenn sie cultivirt sein werden, an Fruchtbarkeit alle übrigen auf der Erde übertreffen (z. B. die Indische, Chinesische) dasselbe

b) erzeugt und nährt die großen Ströme dieses Continents welche (zum Theil die größten der Erde, überhaupt) jene am Fuße des Gebirges ausgebreiteten Ebenen bewässern (Maranon, Missisippi); eben dasselbe enthält

c) in seinem Innern oder Schooße die größten Mineral-Schätze, edle Metalle u. s. w. und auf seinen Seiten und Gehängen die edelsten Nutz- und Bauhölzer. Endlich

d) sind die Cordilleren auch die gesündesten, schönsten und erhabensten Land- und Bodenstrecken Americas und waren die Wohnsitze der Ureinwohner, welche von den Europäern mit Hülfe der Feuerwaffen und durch das Kriegsroß überwunden und größern Theils vertilgt worden sind (Cortez, Pizarro).

Die Ströme aber, welche ihre Quellen auf und an den Cordilleren haben, sind folgende:

A. in Südamerica

a) der Maranon (Maranjon), entspringt unter dem 10 Grade S. Br. aus einem nur 1000 Fuß hoch liegenden

Binnensee, nördlich von der Hochebene La Paz, fließt von W. gegen O. queer durch das Festland und zwar durch die tiefen, heißen, von Wald und Wildniß bedeckten, unabsehbaren Ebenen, welche zu dem Staat von Brasilien gehören und ergießt sich unter dem Aequator (also unter gleicher Breite mit Quito) in den Atlantischen Ocean. Die Länge dieses Riesenstromes soll an 800 M., die größte Breite im mittlern Lauf über 2 M. an der Mündung über 30 M. -- die Tiefe über 500 Fuß sein, das gesammte Gebiet desselben an 90000 Quadrat-Meilen betragen — denn derselbe nimmt an 60 Ströme auf, die an Größe dem Rhein und der Donau gleich kommen, so z. B. den Rio negro, welcher rechts oder von N. und den Madeira, welcher links oder von S. her einströmt. Uebrigens hat der Strom, wie der Nil, jährlich regelmäßige Ueberschwemmungen.

b) Der Magdalenen-Strom entspringt in der Landschaft Granada (gleich nördlich vom Aequator), da, wo die Cordilleren sich in mehrere Ketten theilen und strömt (mit der Ca-uca ein Nebenfluß) in das Antillen-Meer.

B. Flüsse in Nordamerica, welche auf oder an den Cordilleren (steinigen oder Felsgebirge) entspringen.

a) der Missouri (mit dem Missisippi),
b) der Rio del Norte (Nordfluß),
c) der Colombia (oder Oregon) und Colorado,
d) der Nelson- und Mackenzie-Fluß.

Diese Flüsse, von welchen die vier ersten zwischen dem 40 — 50° N. Br. entspringen, bezeichnen in ihrem Lauf zum Meere zugleich die dreifache Hauptabdachung des nördlichen Continents von America.

Die südliche — zum Golf von Mexico, wo der Missouri so wie der Nordstrom und sein großer Nebenstrom der Missisippi fließen.

Die westliche — zum Austral-Meer, in welches der Colorado und Columbia münden.

Die nördliche — zum Polarmeer, in welches langsam unter Schnee- und Eisdecken — der Nelson und Mackenzie — ihre Fluthen wälzen. Die übrigen zum Theil sehr großen Flüsse Americas entspringen nicht unmittelbar auf und an den Cordilleren, sondern auf andern mit denselben, entweder gar nicht oder unscheinbar zusammen hangenden Gebirgen. An und auf den Cordilleren liegen nördlich auch die Alpenseen: Piticaca und Illimani über 10000 Fuß hoch (in Peru).

§. 100.

Außer der hohen Anden-Kette als dem Hauptgebirge S und N. Americas giebt es noch andere niedere und mit jenem wenig oder gar nicht zusammenhangende Gebirge in den beiden Hälften des Continents, gleichsam Nebengebirge, eigentlich aber sogenannte Mittelgebirge, welche von 4 — 6000 Fuß Höhe sich weit hin ausbreiten und mannigfaltig verzweigen, jedoch nicht sowohl als hoch und spitz aufsteigende Berge, sondern vielmehr nur als Bergflächen oder Gebirgsplatten erscheinen, im Ganzen eine frische und gesunde Luft, große und schöne Waldungen, reiche Bewässerung und im Innern mineralische Güter und Schätze haben, daher auch auf ihren Seiten und Abhängen und in ihren breiten Thälern die Wohnsitze der Cultur und die Wiegen neuaufblühender Staaten geworden sind.

Dahin gehört in Südamerica

a) das Gebirge von Brasilien oder das Brasilische Plateau (Hochland) im südöstlichen Theil von S. A., von den Cordilleren im W. durch unabsehbare Flächen und Ebenen getrennt (Matto Grosso); im N. bis zu den Ebenen des Amazonen-Stroms, im O. bis zur Küste reichend (Cap Roque — Bahia — Rio Janeiro); im S. bis zu den Mündungen eines Stromes, welcher auf dieser (Brasilischen) Gebirgsplatte entspringt. Dies ist der sogenannte Silber-Strom oder Rio de la Plata, welcher sich aus dem von N.O. und N.W. her fließenden Parana und Paraguay bildet und südlich in den Atlantischen Ocean (nach Aufnahme des Uruguay) mündet. Ihm entgegengesetzt, in der Nähe des Parana entspringend, fließt der Francisco demselben Ocean zu.

b) Das Plateau (Hochland) des Orinoko (oder von Guyana) im N.O. von S. A. von dem Orinoco-Strom fast schneckenförmig umflossen. Dieser Strom selber entspringt auf dem noch unbekannten Innern des Hochlandes und durchbricht dasselbe; seine Mündung, von Columbus bereits entdeckt und von einem großen Delta umgeben, liegt unter dem 5 Grad N. Br.

c) Das Plateau (Hochland) des Hudson- und Delaware-Flusses — oder der Alleghany — Gebirge im S.O. von N. Am. zwischen dem Missisippi — (also in O. der Andes-Kette —) und dem atlantischen Meere bis nördlich zu einer Reihe von Landseen, aus welchen sich ein großer Strom (der Lorenz-Strom) entwickelt, und welche Canadische Seen genannt werden — ein Plateau, welches die östliche Hälfte des N. Americanischen Freistaates bedeckt.

d) Das Plateau von Canada im N. der genannten Seen und des Lorenz-Stromes bis gegen Labrador und den Hudsons-Busen hin (einen Theil des Nord Atlantischen Oceans).

Anmerkung. Gerade diese Mittelgebirgsländer oder die mittelhohen Plateaux-Landschaften sind die culturfähigsten und cultivirtesten, wie z. B. der N. A. Freistaat und Brasilien.

§. 101.

Alles übrige Land von America, welches, wie das in den vorhergehenden §§ bezeichnete, weder eigentliches Hoch- und Gebirgsland, noch Plateau oder Hochebene d. h. eine über 1000 Fuß hoch vom Meere aufsteigende Fläche ist, ist eine tiefe Ebene (Tiefebene) Tieffläche, oder eine geographische Niederung, Senkung, die, wenn sie von beträchtlichem Umfange d. h. von bedeutender Länge und Breite ist, auch Tiefland (tiefes Flachland) oder ein Niederland genannt wird. Solcher Nieder- und Tiefländer giebt es nun in America nicht bloß viele, sondern mehrere und größere als in irgend einem andern Erdtheile. Natürlich liegen dieselben an und vor den Hochländern oder zwischen denselben, insonderheit aber zu beiden Seiten der großen Ströme, welche America von W. nach O. oder von N. nach S. durchziehen und bewässern. Sie bilden also zum Theil die Gegenden und Gebiete dieser Ströme und ihrer Zuflüsse und zeichnen sich daher wie durch Wasserreichthum, so durch Baum-, Pflanzen- oder Graswuchs, insonderheit aber auch dadurch aus, daß sie entweder noch ganz wild und unbewohnt und wie eben aus den Händen der Natur gekommen darliegen, oder die Wohnsitze von wilden Indianer-Stämmen sind, theilweise aber auch schon von den Europäern in Besitz genommen und angebaut. Zu diesen Tiefländern gehören nun vornehmlich

a) die Maranon- (Maranhon) Ebenen oder die weiten, unermeßlichen Ebenen und Niederungen an dem Maranhon und seinen Nebenflüssen (Negro, Madeira u. a.), welche in der Nähe des Aequators — also in der heißen und tropischen Zone sich ausbreiten und zum Theil mit undurchdringlichen Urwaldungen bedeckt sind, überhaupt Savannen (Sumpfwiesen, Brüche) und daher auch Selvas (Waldstriche) genannt werden,

b) die Plata-Ebenen, südlich von den obigen, in dem Gebiet des Rio de la Plata, insonderheit auf der südwestlichen Seite dieses Stromes, also zwischen den andischen Hochgebirgen und den Brasilischen Mittelgebirgen; dieselben sind jedoch mehr steppenartig, d. h. nicht mit Wald, sondern mit Gras, Gesträuch, zum Theil auch mit Moor und Sand bedeckt und heißen daher Pampas.

c) Die Orinoco-Ebenen, an der westlichen Seite dieses Stromes unermeßliche Gras- und Kräuterfluren, Leanos genannt.

d) Die Ebenen des Missisippi und Missouri oder von Louisiana, ebenfalls weite, unabsehbare, wald- und baumlose Grasfluren (Savannen).

Anmerkung. Die Beschreibung der Americanischen Savannen, Pampas u. s. w. (Tiefsteppen) — die wesentlich von der Sahara Africas und den Hochsteppen und Sandwüsten Asiens verschieden sind, ist bei Alexander von Humboldt nachzulesen.

§. 102.

Hiernach läßt sich nun America auf eine naturgemäße, d. h. auf eine solche Weise eintheilen, deren Grund in der natürlichen Bildung des Continents oder in seinem Bau nach Länge Breite, Tiefe, Höhe und deren gegenseitigen Verhältnissen liegt, wogegen die übrigen und gewöhnlichen Eintheilungen z. B. nach Völkern und Staaten keinen so sichern und unerschütterlichen Grund haben, sondern wechselnd und veränderlich sind, je nach dem Kriege und Eroberungen oder politische Revolutionen den Besitzstand verändern und heute so, morgen so gestalten.

Die Eintheilung selber würde zur ersten vorwissenschaftlichen Ansicht und Uebersicht der Hauptformen des Continents etwa folgende sein

A. im allgemeinen: Hoch- und Gebirgs-, Mittel-Gebirgs-, Tief- und Flach-Land,

B. ins besondere aber sind zu unterscheiden und hervor zu heben

a) das eigentliche Anden- oder Hochgebirgs-Land — mit seinen Hochflächen — und zwar

α) in Süd-America das Anden-Land von Chili, Peru, Granada (Columbien)

β) in Nord-America das Anden-Land von Mexico

b) das Mittelgebirgs-Land

α) in Süd-America — z. B. von Brasilien, Guyana

β) in Nord-America — z. B. das Land der Alleghanys und Apalachen oder das Gebiet der englisch-amerikanischen Freistaaten — Canada — u. s. w.

c) Die Tief- und Flach-Länder der Hauptströme (und Seen) des Maranon, Plata, Orinoco, Missisippi u. s. w.

Diese Eintheilung weiter ausgeführt, würde eine vollständige Eintheilung nach der Natur oder nach Naturgrenzen sein. Da die Menschen aber diese Grenzen überschritten und indem sie zu Völkern anwuchsen oder sich zu Staaten entwickelten, theils das Hochland, theils das Tiefland eingenommen haben, die Geographie aber nicht bloß Berge, Thäler und Flüsse, sondern auch die durch Pflanzen, Thiere und Menschen belebte, bewohnte und bebauete Oberfläche der Erde zu beschreiben hat, so müssen neben jenen Naturgrenzen auch noch die Grenzen und Gebiete der Völker und Staaten im Allgemeinen verzeichnet werden. Wie dies anzufangen und auszuführen, lehrt am besten die Geschichte der allmähligen Bevölkerung und Cultivirung Americas, theils durch die Ureinwohner oder Eingebornen (Indianer), theils und insonderheit durch Einwanderer oder Ankömmlinge (die Europäer), denn kein Erdtheil ist seit 300 Jahren so verändert umgestaltet worden, in Bezug auf das Menschen- und Völkerleben als America durch die Europäer, namentlich durch die Spanier, Portugiesen, Engländer, Franzosen, welche theils mit-, theils nacheinander als Eroberer oder Ansiedler auftraten. Die Folge davon ist bereits die gewesen, daß die uralten kupferfarbenen Indianer-Stämme (Rothhäute) theils wie z. B. in Westindien durch Kriege und Eroberungen vertilgt oder verdrängt (in die Steppen, Wildnisse und Gebirge), theils mit Europäern durch Heirathen vermischt worden sind (Mestizen), so daß sie nur noch einen sehr kleinen (und unbedeutenden) Theil der Bevölkerung ausmachen, ja, es wird eine Zeit kommen, wo auch die noch vorhandenen Ueberreste oder Trümmer der indianischen Völkerschaften und Horden ganz verschwunden uud entweder mit Gewalt ausgerottet oder mit Europäern zu einem neuen Volke verwachsen oder sonst politisch (staatsbürgerlich) verbunden sein werden; wie denn z. B. aus der Verbindung der Europäer und schwarzen Neger ein neuer kräftiger Menschenschlag hervorgegangen ist — die Mulatten.

Anmerkung. Merkwürdig ist die außerordentliche Anzahl der verschiedenartigsten Sprachen unter den Urbewohnern Americas (mehrere hundert), die noch ungewisse Einwanderung derselben — ob von N. her; — so wie die steigende Bevölkerung A. durch europ. Auswanderer.

Wenn die gesammte Bevölkerung von America 30 bis 40 Millionen Menschen beträgt; so kommen davon auf die Ureinwohner nur ein viertel ungefähr. Die übrigen Bewohner sind theils Europäer und deren Abkömmlinge (Kreolen) etwa ein drittel (15 Mill.), theils eingeschleppte Neger (zur Feld-

und Plantagenarbeit), wiewohl der Sclavenhandel jetzt gesetzlich abgeschafft ist, theils Mischlinge (Mulatten, Mestizen). Das Christenthum ist bereits vorherrschende Religion geworden und zählt über 30 Mill. Bekenner.

§. 103.

Verfolgt man die erdbildende Hand der Natur und den Gang der Geschichte; so gewinnt man eine anschauliche und fruchtbare Uebersicht der wichtigsten Landschaften und Gebiete von America und zwar folgende, allgemeine, für die Grundlage zu einer näheren und besonderen Kenntniß genügende:

Süd-America. Diese großartigste, erhabenste, fruchtbarste, reichste und schönste Hälfte von America mit Hoch- und Mittelgebirgen, Tief- und Flachebenen, Plateaux, Bergkegeln, Vulkanen, furchtbaren Felsmauern, tiefen Bergschluchten, weiten Flächen und Steppen, herrlichen Terrassen, Urwaldungen, Riesenströmen — mit allen Schätzen der Natur und dem buntesten und wildesten Gemisch von indianischen und europäischen Völkern ausgestattet und angefüllt — besteht aus zwei wesentlich verschiedenen Landestheilen aus einem Hochgebirgs-Lande und einem Mittelgebirgs-Lande nebst den an- und umliegenden Theilen des Flach- und Tieflandes, jenes im Westen, dieses im Osten, letztes in der Mitte und gegen Norden und Süden gelegen.

Das Hochgebirgs-Land hieß sonst das Spanische Süd-America, das Mittelgebirgs-Land — das Portugiesische (holländische, französische) Süd-America; der übrige mittlere und von Europäern nicht angesiedelte Theil, das freie Indianer-Land.

Eben so besteht Nord-America aus zwei von Natur und durch die Geschichte gesonderten Haupttheilen, einem (ehemahligen) Spanischen Theile im Westen, auf und an dem Hochgebirge (den Anden oder Cordilleren) liegend, und einem östlichen oder englischen und französischen Theile, auf und an dem Mittelgebirge und im Flach- und Tieflande belegen; alles übrige Land, insonderheit gegen Norden hin war (und ist) theils freies Indianer-Land, theils von europäischen Nationen (wie von den Engl. und Russen) nach und nach eingenommen worden. Uebrigens ist Nord-America, wenn auch nicht so mannigfaltig, reich und ergiebig von der Natur als der Süden des Continents ausgestattet, doch ein mit fast allen Gütern und Schätzen der Erde reich gesegnetes und geschichtlich um so merkwürdigeres Land, weil sich in demselben zuerst europäische Staaten gebildet haben. Es ist hier nämlich ein zweites England entstanden, welches an Gewerbfleiß, Plantagen- und Ackerbau, Schifffahrt, Handel, Kunst- und Wissenschaft, eben so sehr das Spanische und Portugiesische America übertrifft, als das wirkliche europäische Britannien, das Vaterland der Portugiesen und Spanier diesseit des Oceans längst überflügelt hat. Die Männer, die diese Landestheile theils entdeckt und untersucht, theils erobert, umgestaltet, cultivirt und gleichsam neu belebt haben waren: Columbus, Vespucci, Cabral, Cortez, Pizarro, Balboa, viele Ordensgeistliche, mehrere Religionsparteien (die Jesuiten, die Quäker (Penn), der Bischof Las Casas), einzelne Seefahrer, Magelhaen, Raleigh, Drake, und in neuern Zeiten die Staatsmänner Franklin, Washington, außer den andern, deren Namen und Verdienste die Geschichte aufzählt und würdigt.

Anmerkung. Bemerkenswerth ist wie die natürliche Production Americas überhaupt — vom Rennthiermoos bis zur 180 Fuß hohen Wachspalme, vom Colibri bis zum Bison — vom Kiesel, Rubin und Diamant bis zur Platina — so insonderheit der Einfluß gewisser Producte Americas als Nahrungsmittel oder Mittel des Verkehres auf Europa seit 300 Jahren (die Colonialwaaren — das Gold und Silber). — Eben so merkwürdig ist die steigende Bevölkerung Americas durch europäische Auswanderungen und Niederlassungen.

§. 104.

Das Hochland von Süd-America oder das Spanische Süd-America besteht aus drei hohen Gebirgsländern, welche von Süden gegen Norden Chili, Peru, Granada hießen (und zum Theil noch heißen). Sie erheben sich von dem Südlande Americas (dem kalten, wilden und wüsten Patagonien aus und ziehen sich als hohe Bergreihen mit Hochebenen, Hochthälern und steilen Abfällen im W. und breiten Abhängen gegen O. unweit des Austral-Meeres (in einer mittlern Entfernung von 15 — 20 Meilen) gegen Norden bis zum Antillen Meer und bilden das erhabenste Panorama der neuen Welt, mit der Fernsicht auf das unendliche Meer im W. und der Aussicht auf die unabsehbaren Stufen- und Flachländer (des Maranon u. s. w.) im O.

a) die Landschaft Chile (Tschile) ein hohes, vulkanisches Berg- und Küsten-Land, von Peru im N. durch eine Sandwüste getrennt, mit reizendem Klima und fruchtbaren Boden, besonders (im Innern) wo die Hauptstadt Yago (San Jago) mit 50000 Einwohnern liegt (15 — 20 Meilen vom Meere) der Hafen derselben ist die Stadt Valpairoso.

Anmerkung. Chile seit 1810 und 1818 ein 8 — 10000 Quadrat-Meilen großer Freistaat.

b) Die Landschaft Peru, ebenfalls eine Gebirgslandschaft, noch höher und erhabener als Chile, mit Vulcanen, Hochplateaux, Hochgipfeln (der Anden — La Paz) und Hochthälern (sehr fruchtbaren im O.) reich an Metallen, edlen Steinen, an kameelartigen Ziegen und Schaafen (Lama, Vicugna) bis zu der Provinz Quito sich erstreckend das Quellland des Maranhon, der Sitz der uralten Peruaner und ihrer erblichen Könige der Yncas, von Pizarro im Jahre 1530 erobert mit der Hauptstadt Lima (von Pizarro angelegt) 2 Meilen vom Meere mit 70000 Einw. und dem Hafen Callao. Im Innern des Landes (im N. des Piticaca-Sees — Nieder-Peru —) Cusco in einem Hochthale, uralte Indianer-Stadt, Sitz der Yncas mit merkwürdigen Ruinen. — Südlich von dem P. See in Ober Peru auf einem 10 — 12000 Fuß hohen Plateaux Potosi und La Paz (Siehe unten).

c) Die Landschaft Granada im N. der vorigen bis zur Landenge von Panama (terra firma) und zum Caraibischen (Antillischen) Meere reichend, ebenfalls eine hohe Berg- und Alpenlandschaft, von mehreren Armen der Anden durchzogen, das Quellland des Magdalenenflusses, höchst fruchtbar und productenreich mit den Städten Quito unter dem Aequator am Fuß des Pichincha, in der Nähe des Catopaxi und anderer Feuerspeiender Berge, welche im Jahr 1797 die ganze 8500 Fuß hohe Hochebene verwüsteten und 40000 Menschen das Leben raubten, mit 60000 Einw. Bogota (Santa Fé de B.), welches ebenfalls auf einem 8000 Fuß hohen Plateau (in einem Hochthal) — und 50 — 60 Meilen nördlich von Quito — gelegen ist — mit 40000 Einw.

d) Die Landschaft Caracas östlich von Granada (ein ehemahliger Bestandtheil desselben) längs dem Antillen-Meere bis südlich gegen den Orinoko. Weniger hoch und gebirgig als die vorigen und keine Alpen-Landschaft mehr, aber sehr fruchtbar, reich an Waldungen, Viehweiden, Städten, wiewohl auch Erdbeben ausgesetzt. Die Hauptstädte sind: Caracas, Venezuela und Cumana — sämmtlich Handelsstädte worunter Caracas mit 50000 Einwohnern die größte und wichtigste (Bolivars des Befreiers Geburtsort).

Anmerkung. Auch Peru und Granada haben, wie Chile, seit 1810, insonderheit aber seit 1824 das Joch der Spanier abgeschüttelt und sich zu einem Verein von freien und unabhängigen Staaten durchgekämpft (Bolivar der Washington Süd-Americas). Peru besteht seitdem aus dem Staat von Nieder-Peru mit der Hauptstadt Lima und aus Ober-Peru oder Bolivia mit den Hauptstädten Potosi und La Paz.

Granada besteht aus mehreren Bundesstaaten, die den gemeinschaftsichen Namen Columbia führen mit der Hauptstadt Bogota.

§. 105.

Das Hochgebirge auf der Westseite von Südamerica (die südamericanischen Cordilleras) oder das Hochland von Chili, Peru senkt sich allmählig gegen Osten in große weite Flächen und Ebenen, welche von den breiten, langen und wasserreichen Strömen, die theils auf den Anden ihre Quellen, theils ihre Nahrung (Nebenflüsse) haben, majestätisch durchzogen werden und sonach die Mitte des südamericanischen Continents füllen, ein zum Theil noch unbekanntes, von wilden Indianer-Stämmen bewohntes Gebiet (Gauchos, Chiquitos), wohin jedoch die Jesuiten als Missionäre drangen. Dahin gehört

a) das ehemahls auch Spanische Gebiet des Plata-Stromes, zu beiden Seiten desselben bis zur Mündung; zunächst im Westen d. h. auf der rechten Seite des Stromes, bis dahin wo die Anden sich erheben oder Zweige fortsetzen, so wie gegen Süden — eine Steppen-Region — d. h. eine unermeßliche Grasflur (Pampas) ohne Bäume und hohen Holzwuchs, ja, ohne Stein- und Felsgrund, zum Theil mit Gesträuch, Disteln u. s. w. Seen, Morästen (bei der Ueberschwemmung des Plata) oder mit Sand bedeckt; im Osten dagegen allmählig sich erhebend und übergehend in die Bergflächen von Brasilien — mit den drei Hauptstädten Asumcion (Himmelfahrt) am östlichen Ufer des Paraguai, also in der Mitte des Landes und in der von den Jesuiten eine Zeitlang beherrschten Provinz Paraguay (bereits im 16ten Jahrhundert von dem Seefahrer Cabot gegründet) nur 300 Fuß hoch. Südlich davon und als Haupthandelsstädte volkreicher und wichtiger: Buenos-Ayres (gesunde Luft) an dem hier 6 Meilen breiten Plata — mit 60000 Bewohnern.

Westlich von beiden im Innern am Fuß der Anden (gegen Chili) Mendoza mit 20000 Einwohnern.

Monte Video unweit der Mündung des Plata mit 30000 Einwohnern.

Zu den Flach- und Tiefebenen im Osten der Anden und im Mittellande von Südamerica gehört

b) die große Ebene des Maranon-Stromes, welche sich zu beiden Seiten desselben von dem Hochgebirge in Peru und Granada aus zwischen den Mittelgebirgen von Carracas, Guyana (oder dem Hochlande des Orinoco) bis zum atlantischen Meere und den Mündungen des Maranon hin erstreckt, ehemahls einen Theil des Portugiesischen Südamericas ausmachte, und zwar den nördlichen (und westlichen) Theil (das Flachland) von Brasilien. Dieses Flach- und Tiefland ist, wie La Plata in seinem Innern auch noch sehr unbekannt und wegen der Urwaldungen, mit welchen es bedeckt ist, und der Ueberschwemmungen der Ströme und des heiß-feuchten Klimas schwer zu erforschen. Dennoch ist es streckenweis außerordentlich fruchtbar und würde in Cultur gelegt, Millionen Menschen Wohnung und Unterhalt darbieten. Die Jesuiten waren die ersten, welche in demselben Ansiedelungen gründeten (Missionsplätze) so z. B. St. Paul.

Anmerkung. Auch das spanische Vice Königreich La Plata (wie das nordamericanische Mexico) hat sich vom Mutterlande durch eine Revolution seit 1810 und 1816 losgerissen und für einen freien Staatenbund erklärt die Hauptstaaten sind Buenos Ayres, Paraguay, Uruguai (mit Monte video) La Paz u. a m. Sämmtliche Plata-Staaten mögen einen Flächeninhalt von 30 — 50000 Quadrat-Meilen einnehmen, wogegen das gesammte Tiefland des Plata- und Maranon-Stromes (wozu auch ein Theil von Patagonien gehört) einen Raum von ungefähr 200000 Quadrat Meilen füllt.

§. 106.

Die östliche Seite oder Hälfte von Südamerica hieß sonst das Portugiesische (oder Brasilische) Südamerica (wie die westliche das Spanische). Denn dieselbe war seit der zufälligen Entdeckung durch Cabral (und der Untersuchung und Beschreibung durch Vespucci) ein Neben- und Colonien-Land der Könige von Portugal (um 1500 Emanuel der Große). Gegenwärtig aber und seit dem Jahre 1822 ist das Colonienland vom Mutterlande getrennt und Brasilien, ein selbstständiger und freier Staat unter dem Titel eines Kaiserthums geworden, wie Mexico in N. A. Dasselbe erstreckt sich von der Nähe der Plata-Mündung im S. bis über den Maranon hinaus gegen N., so wie im W. bis zu dem Fuß der Peruanischen Anden oder den rechten Zuflüssen des obern Maranon (Yavari). Von den Anden wird Brasilien durch mittelhohe Ebenen und einzelne, in das Land eingreifende Bergzüge getrennt (Matto grosso, Chiquitos-Gebirge), dagegen von dem Hochlande von Guyana durch die tiefe Maranon-Ebene geschieden. Am weitesten gegen O. tritt die Küste da vor, wo das Cap Roque (Rochus) und südlicher die Stadt Pernambuco (Olinda) liegen. In dieser allgemeinen Umgrenzung hat das Kaiserthum Brasilien einen Umfang von mindestens 100000 Quadrat-Meilen und kommt demnach an Größe dem N. A. Freistaat oder auch den Besitzungen der Engländer in N. A. gleich. Uebrigens zerfällt dasselbe seiner Natur- und Oberflächen-Bildung nach in zwei wesentlich verschiedene Theile, in ein Hochland und in ein Tiefland, von welchen jenes die südöstliche Küstenbreite vom obern Rio Francesco, Rio Grande, Parana, bis gegen den untern Rio Madeira hin einnimmt, dieses dagegen das Gebiet des Maranon also den nördlichen Theil des Landes ausfüllt. Eine Linie vom Cap Roque bis zur Einmündung des Madeira in den Maranon und darüber hinaus würde das Flach- und Niederland (ungefähr $\frac{1}{3}$ des Ganzen) von dem übrigen Hochlande scheiden. Dieses stellt sich als eine vom Meere im O. her in mehreren Stufen oder Terrassen aufsteigendes mit Plateaux (Hochflächen, Campos) bedecktes mittelhohes (2—3000 Fuß hohes Berg- und Tafelland dar, aus welchen sich einzelne Berggipfel von 5 bis 6000 Fuß erheben (Itambe). Auf diesem Hochlande entspringt der Rio Francesco und der Paraguay (nebst dem Parana), so wie auf demselben auch die Höhenpuncte liegen, wo die Gewässer (Zuflüsse) des Plata- und Maranon-Stromes sich scheiden. Uebrigens ist das Hochland selber von der zu demselben führenden Küstenterrasse, so wie beides vom Tieflande in seinen Naturverhältnissen verschieden; denn während auf dem breiten terrassenartig sich erhebenden Küstenstrich die Natur in dem Leben und der Pracht der Thier- und Pflanzenwelt alle ihre Reize und Wunder entfaltet, hat sie die innern Hochflächen nur sparsam mit Waldung, mehr mit Gras und Futterkräutern, zum Theil mit Sand und Moor bedeckt, wogegen in dem Uferlande und den Niederungen des Maranon (der bis auf 100 Meilen einwärts Fluth und Ebbe hat) dichter Urwald wuchert und ungeachtet des fruchtbaren Marschbodens Wildniß und Einöde herrscht.

Die Hauptstädte des sogenannten Kaiserthums (Pedro I und II.) liegen meist auf der Küste und sind von N. gegen S. Pernambuco (Olinda), Bahia (St. Salvador) und Rio Janeiro, so wie im Innern auf dem Hochlande Villa Boa und Villa Rica in einer an Gold- und Diamantengruben reichen Gegend.

Die alte Hauptstadt Bahia zählt über 180000 Einwohner die neue und gegenwärtige Rio Janeiro (unter dem 22° S.

Br.) über 200000 Einwohner, die nördlichste Küstenstadt Fernambuco über 60000 Einwohner, sämmtlich Handelsstädte.

Anmerkung. Brasilien — das Vaterland der dichtesten und schönsten Urwälder mit dem glühend rothen Färbeholz Braca — woher Brasilien — der größten Diamanten (nächst Ostindien) ausgezeichnet auch durch Goldreichthum, so wie durch seine Baumwollen-, Kaffee-, Zucker-, Taback- und Reiß-Pflanzungen — ist ein nur auf dem breiten Küstenstriche angebauetes und europäisirtes Land, im Innern mit Indianer-Stämmen gefüllt und eine terra incognita; daher auch die dünne Bevölkerung von 4 — 5 M. worunter nur $\frac{1}{8}$ Weiße.

§. 107.

Nord-America besteht aus zwei von Natur und durch die Geschichte (Völkerleben und Staaten) geschiedenen Theilen, oder Hälften: einer südlichen (culturfähigen und cultivirten) und einer nördlichen (theils noch wilden und wüsten, theils culturunfähigen) Hälfte. Die natürliche Grenze zwischen beiden machen, theils die Abfälle und Verflächungen der Gebirge gegen N. hin, theils eine Reihe von Seen und eine Menge Flüsse, welche aus denselben oder durch dieselbe dem nördlichen Meere (Eismeer, Polar-Meer, arktisches Meer) und dessen Busen (Hudsons Busen) zuströmen (Hudson und Baffin englische Seefahrer sec. XVII. Entdecker der N. O. Binnenmeere N. A.). Diese Scheidungslinie (Wasserscheide) beginnt gegen den 50sten Grad N. Br. hin. Die dort gelegenen (tiefgelegenen) Seen heißen mit einem allgemeinen Namen Canadische und freie Indianer-Seen. wie z. B. der See Superior und Huron-See, der Winipeg-See u. a. m.

Unter den in diesen nördlichen Gegenden strömenden Gewässern sind die bemerkenswerthesten der Sakaschawan und der Albany, welche beide — jener von den Cordilleren (Felsgebirge), dieser von dem Plateau von Canada her, in den Hudsonsbusen fallen, während zwei andere der Mackenzie- und Kupfer-Fluß unmittelbar in das Eismeer gehen.

Alle nun von jenen Seen und Flüssen aus gegen N., O. und W. gelegenen und dorthin abdachende Länder und Gebiete begreifen die eigentlichen Nordländer oder arktischen Länder des nördlichen Americas, ein breiter (der breiteste) das Polar-Meer umlagernder, unter Schnee und Eis den größten Theil des Jahres hindurch vergrabener, unwirthbarer und nur am südlichen Rande und an den Küsten (von Europäern) angebaueter Landstrich.

Da innerhalb desselben (wie schon aus der Bezeichnung Indianer-Seen) erhellet, meist freie Indianer-Stämme

(Jäger-Horden) hausen: so ist die oben angedeutete Naturgrenze auch eine Völkergrenze und man könnte daher das nördliche N. A. auch das Land der freien Indianer nennen, wiewohl die Engländer sich die Herrschaft über dieselben anmaaßen. In der That ist auch der größte Theil des zwischen den Canadischen Seen und dem Lorenz-Strom im S. und der Hudsonsbai im N. (so wie ein Theil der N. W. Küste — der südlichen) Britische Besitzung (englische Gebiet) unter dem allgemeinen Namen Neu-Britannien, insofern die Indianer immer mehr in das Innere in die See- und Waldregion hineingedrängt und nur zum Waarentausch (Pelzhandel) benutzt werden.

§. 108.

Die größten und wichtigsten Landschaften (Hauptlandschaften) der so bezeichneten Nordhälfte des nördlichen Americas oder des nördlichen Flach- und Küstenlandes von America sind folgende:

a) im Süden der Hudsons-Bay Canada ein über die Seen (gleiches Namens) und den Lorenzstrom sich erhebendes mittelhohes Bergland, ungefähr so groß als Deutschland und unter gleicher Breite mit demselben (40 — 50°) wiewohl weit winterlicher und wilder, reich an Pelzwild (Biberfellen) mit den Städten Quebeck und Montreal jede über 20000 Einw. am Lorenzstrome

b) im Westen der Hudsons-Bay Wales (Neu-Wales oder Neu-Britannien im engeren Sinne), ein mit Wald, Seen und Mooren bedecktes, an Jagdwild reiches Flach- und Küstenland — mit mehreren festen Niederlassungen oder Forts (z. B. York) der englischen Pelzhandels-Compagnie, übrigens freies Indianer-Land.

c) im Osten der Hudsons-Bay Labrador eine große Halbinsel, doppelt so groß als das gesammte Deutschland, wiewohl im Innern unbekannt, (wahrscheinlich Gebirgsland), eine nördliche Fortsetzung der Canadischen Wildniß und mit C. die N. O. Ecke von N. A. bildend, reich an Pelzwild, Seehunden, von Indianer-Horden und ihren Todfeinden den Eskimos (Polar-Menschen) spärlich bewohnt.

d) die Landstriche im Norden der Hudsons-Bay, zwischen dieser und der Baffins-Bay, eine hochnördliche und noch unbekanntere Region als Labrador, nur an den Küsten und von Inseln aus von den Seefahrern gesehen und nach einem derselben Baffins-Land zum Theil genannt (jenseit des 60° bis über den 70° Nord Breite hinaus).

e) das östlich von der Baffins-Bay (und Davis-Straße) gelegene Grönland, ein mit Schneegebirgen und Eisfeldern bedeckte und nur an den Küsten (der Westküste) durch Europäische Niederlassungen (Herrnhuter-Colonien) cultivirte Halbinsel oder Insel (zwischen dem 60° Nord Breite gegen den 80° hin) mit Ureinwohnern (Eskimos genannt) kleiner untersetzter Art und Race ($4\frac{1}{2}$ Fuß mittlerer Größe).

Alles übrige Land des arktischen oder polaren N. A. ist noch unerforschtes oder unbewohntes Insel- und Halbinsel-Land, wozu auch die Gruppe von Spitzbergen (zwischen 76 und 80° N. Br.) gerechnet wird, obgleich dieselbe (östlich von Grönland) auf der östlichen Halbkugel der Erde liegt, und daher eigentlich den nördlichen Gestaden Europas und Asiens angehört, wie denn dieselben auch meist nur von russischen Wallfischfängern und Jägern besucht wird. — Eine andere Inselgruppe — westlich von Grönland innerhalb des nordamericanischen Polarbeckens gelegen — und Georgs-Gruppe genannt — enthält die Insel Melville unter dem 75° N. Br. wo der zur Auffindung einer N. W. Durchfahrt (durch das Polarmeer in das australische) ausgesandte englische Capitain Parry (1820) bei 30 — 40° Kälte überwinterte; — der dermahlige Endpunct der geographischen Entdeckungen.

Anmerkung. Merkwürdig daß die Entdeckung der N. O. Länder und Küsten N. A. von Norwegen und Island (von den Normannen) ausging, so wurde z. B. Grönland bereits um 1000 n. Chr. entdeckt; hierauf folgten die Franzosen und Engländer und gründeten Niederlassungen (die Dänen auf Grönland seit sec. XVIII); Grenzstreitigkeiten und Kriege entstanden in demselben Jahrhundert, in welchen die Engländer (besonders seit 1763) Sieger blieben, wiewohl eben diese Kriege den Abfall der N. A. Freistaaten von England vorbereiteten.

Noch gehört zu dem Britischen N. A. ein von den Hudsonsbay-Ländern, namentlich von Canada und Labrador durch den untern Lorenzstrom und dessen Mündung getrenntes Halbinselland, Neuschottland, Neubraunschweig (Acadien), Neufundland und Cap Breton zusammen über 4000 Quadrat-Meilen groß mit Canadischen Klima und Boden, jedoch mehr entwildert, wichtig insonderheit wegen der hier von den Engländern, Franzosen und Nord-Americanern getriebenen Fischereien (Stockfisch- und Heringsfang) — auf den Bänken (Sandbänken) — mit den Städten (Handelsstädten) Halifax

(20000 Einwohner) auf Nord Schottland und Placentia auf Nord Fundland.

§. 109.

Der südliche Theil oder die Südhälfte von Nord America (das eigentliche Culturland) befaßt alles übrige von den Cordilleren, den Apalachen und Alleghanys bedecktes und den ihnen entquellenden Strömen bewässertes und befruchtetes, südwärts bis zur Landenge von Panama reichendes Land. Dasselbe besteht — seiner Natur nach aus zwei Hoch- und Plateaux-Ländern und einem dazwischen liegenden großen Tieflande (Savannen-Lande) die alle drei wesentlich verschieden sind.

Das Hochgebirgs-Land nimmt die westliche Seite von N. A. ein und heißt mit einem allgemeinen Namen Mexico (ch.) (Neu-Spanien) (von Cortez 1520 für Carl I. und Philipp II. von Spanien erobert).

Das niedere Berg- und Plateau-Land nimmt die östliche Seite ein; das Tiefland füllt die Mitte aus; die beiden letztern Länderräume befassen — größtentheils — den wichtigsten Staat der neuen Welt den aus englischen Colonien 1783 entstandenen nordamericanischen Freistaat.

Das, durch Ferdinand Cortes von Cuba aus für die Spanische Monarchie von den Azteken und ihrem Kaiser Montezuma eroberte Mexico, begreift das eigentliche Hochgebirgs-Land oder dasjenige Land, welches die nördlichen Cordilleren (Felsen- und Stein-Gebirge im N. genannt) mit ihren Hochflächen und Seiten (Stufen, Terrassen) nach dem Austral-Meer hin bedecken, von dem Isthmus und der anliegenden Landschaft Guatemala an bis dahin, wo der Missouri und Columbia ihre Quellen haben (ungefähr unter dem 50° N. Breite), so daß demnach der mächtige Nordstrom (Rio del Norte) und die beiden Colorado-Flüsse ganz in das mexicanische Gebiet fallen; ein herrliches, mit allen Gütern und Schätzen der Erde (edlen Metallen) gesegnetes Land (ehemahliges Spanisches Vice Königreich) obgleich auch häufig von den auf seinen Hochebenen stehenden Vulcanen erschüttert und verheert, durch welche, wie in den südlichen Cordilleren, ganze Städte ihren Untergang fanden. Die Hauptstadt Mexico (Mechico) liegt, wie Quito, auf einer Hochebene (von 6 — 8000 Fuß) oder in einem Hochthale und ist nächst der Brasilischen Hauptstadt Rio Janeiro die bevölkertste, außerdem die schönste und prächtigste Stadt der neuen Welt (150000 Einwohner). Die südliche Hafenstadt derselben ist Acapulco, ehemahls in der Blüthe der Spanischen Herrschaft der Landungsplatz der großen Gallione (von den Philippinen her), die zweite nördlich von Mexico gelegene

Stadt des Reichs ist Guadalaxara (ch) mit 100000 Bewohnern.

Eine dritte Stadt — ebenfalls im N. von Mexico, wiewohl auf dem östlichen Abhange des Hochlandes ist St. Luis mit Silberbergwerken (daher auch das mexicanische Potosi genannt) und 50000 Einwohnern.

Oestlich von M. und im Hochlande (7000 Fuß hoch) liegt die noch volkreichere Handelsstadt Puebla (über 60000 Einwohner); auf der flachen und sumpfigen Küste dagegen Vera Cruz (s) im mexicanischen Meerbusen, wo der Eroberer Cortez das Kreuz aufpflanzte (1519), sonst der Stapelplatz aller Producte und Reichthümer Mexicos, die von hier aus in die alte Welt gingen.

Südlich von V. C. auf der Halbinsel Yucatan Merida so wie Guatemala (Neu=S.) auf dem schmalen Küstenlande gleiches Namens mit 50000 Einwohnern.

Anmerkung. Mexico seit 300 Jahren (von 1520 bis 1820) in Druck und Knechtschaft von den Spanischen Vicekönigen und der Geistlichkeit gehalten (die Indianer fast leibeigen) empörte sich um 1820 gegen seine Unterdrücker (die National=Spanier Chapetones), und errang im Jahr 1823 eine freie von dem Mutterlande unabhängige Verfassung, der zu Folge das ehemahlige Königreich in eine Bundesrepublik (wie N. A.) umgewandelt und die Sklaverei abgeschafft wurde.

§. 110.

Alles übrige östlich von den Mexicanischen Staaten gelegene Land, also das Tiefland des Missouri und Missisippi sowohl, als das, aus demselben gegen die östlichen Küsten hin allmählich aufsteigende mittelhohe Bergland das Plateau der Apalachen, Alleghany's u. s. w. gehört zum Gebiet des nordamericanischen Freistaates, eines (aus 20 und einigen Staaten bestehend) Staates oder Staatenbundes, welcher sich über einen Flächenraum von mehr als 100000 Quadrat=Meilen (in fast gleicher Größe mit dem Britischen N. A.) ausdehnt, nämlich von den Canadischen Seen in N. bis zu dem Golf von M. im S. und von dem Atlantischen M. im O. bis zu dem Austral M. und den anliegenden Küstenstrichen von Mexico, Neu=Brit. u. s. w. mit einer (in jedem Jahre durch Auswanderungen aus Europa steigenden) Bevölkerung von 12 — 13 Mill. (worunter ungefähr $\frac{4}{5}$ Weiße — das Uebrige — schwarze Sklaven und rothe Urbewohner) —; ein Staat ferner, der nicht bloß eine freie (nach dem Muster der englischen eingerichtete) öffentliche Verfassung, sondern auch alle Formen Verhältnisse und Zustände eines aufblühenden Europäischen Lebens hat (regelmäßige Städte, Kunststraßen, eine Flotte und zahlreiche Dampfschiffe — auf dem Missisippi über 300 — Manufakturen, Fabriken, u. s. w.) vor allen aber einen Handel hat, welcher nach allen Continenten hin seine Flaggen sendet. Die an 160000 Einwohnern wie an allen Gewerbs- und Bildungsanstalten reiche Hauptstadt des Nord Americanischen Freistaates Philadelphia in der Nähe des Delaware-Flusses und in der Provinz Pennsylvanien, welchen Wald-District (Sylva) der englische Quäker Penn 1680 mit einer Colonie ausrotten und hierauf den Grund zur obigen Stadt legen ließ. Südlich von P. breitet sich die zu Ehren der (jungfräulich oder unvermählt gebliebenen) Königin von E. Elisabeth von den ersten Anbauern oder Pflanzern genannte Landschaft Virginien aus mit der Hauptstadt Norfolk, beide Landschaften sind zugleich Plateaux-Landschaften insofern sie von den plateauartig sich ausbreitenden Alleghanys und Apalachen durchzogen werden. Jedoch enthalten sie nicht die volkreichsten und blühendsten Städte. Diese liegen vielmehr in O. (und N.O.) in den Küstenstaaten und heißen Neuyork Boston, jene in der Mündung des Hudsons mit 200000 Einwohnern — diese nördlich — mit 60 — 70000 Einwohnern — Baltimore u. a. m. die nach Jahrhunderten zu der Größe und dem Rang von Calcutta in O. Indien sich erheben werden.

Völlig verschieden von diesen und andern auf dem Plateau gelegenen Provinzen — sind die im Tieflande oder auf den tiefen Wald- und Grasflächen am Gebiete des Missouri und Missisippi zum Theil erst neu angelegten Provinzen und Staaten, wie z. B. die gleichnamigen Staaten von Missouri, Missisippi — und selbst der südlichste — Louisiana mit der Hauptstadt Neu-Orleans (über 40000 Einwohner) und Florida mit der Hauptstadt Pensacola; eben so endlich der im Westen am Hochgebirge liegende District Oregon oder Columbia, welcher, wie die übrigen vorgenannten größten Theils noch im rohen Naturzustande liegen und Wildnisse mit Indianerstämmen enthalten. Dergleichen Urbewohner sind z. B. die Huronen, Osagen, Cherokesen u. a. deren Wohn- und Jagdreviere, Districte oder Bezirke genannt werden.

Anmerkung. Der seit 1783 bestehende, also noch nicht 60 Jahre alte Nord-Americanische Freistaat ist ein auf Ackerbau und Handel gegründeter Staat, zwar der jüngste in America, allein der beste und glücklichste, weil er nicht (wie die Spanischen Colonien) durch Eroberung und Unterjochung, sondern durch friedliche Niederlassungen, Ansiedelung und Anbau englischer Familien entstanden und demnach ein zweites England in America ist. Daher denn auch und wegen seiner von England durch Washington erkämpften Unabhängigkeit in Verbindung mit Lage, Boden, Klima u. s. w. das außerordentlich schnelle und beispiellose Aufblühen desselben.

Der Australische Continent

nebst den Inseln.

(§. 111 — 116.)

§. 111.

Australien oder Südland heißt derjenige Erdtheil, welcher am weitesten oder tiefsten gegen Süden — d. h. bestimmter — auf der südlichen Hemisphäre (Erdhalbkugel) liegt, oder aus dem größten aller Oceane — der Südsee (dem Australmeer) sich erhebt (theilweise an 15000 Fuß). Hier breitet sich derselbe im S. O. vom asiatischen und im W. in weitern Abständen — vom amerikanischen Continent aus, und erscheint zunächst (in gelber Färbung) als ein großes Eiland, welches von scheinbar unzähligen und willkürlich durch den großen Ocean hin zerstreuten kleinen Inseln umgeben (umgürtet) ist; daher auch der frühere Name desselben Polynesien — d. h. das Inselland (die Eilandsflur). — Da jedoch dieses Eiland nur etwa 10000 geogr. Meilen kleiner als Europa oder ungefähr 160000 geogr. Meilen groß ist, überdieß durch die daselbst angelegten europäischen Colonien und den damit verbundenen Gang der Schiffahrt und des Großhandels eine welthistorische Beziehung und Wichtigkeit erlangt hat; so wird dasselbe mit Recht als ein eigener fünfter Continent oder besonderer Erdtheil betrachtet und geographisch behandelt (die Südfeste der neuen Welt). Vergl. §. 4. Demnach besteht Australien aus zwei Haupttheilen.

I. dem eigentlichen Festlande — Austral-Lande — Austral-Continente — und

II. den dazu gehörigen (besonders östlich gelegenen) Inseln oder den Austral-Inseln (über 10000 Quadrat-Meilen groß).

Beide Theile sind, wie überhaupt, so auch darin verschieden, daß die östlichen kleinern Inseln mehr mit der Neuen Welt (America) die westlichen größern mehr mit der Alten Welt (Asien und Europa) zusammenhangen oder in Verbindung zu kommen scheinen. Uebrigens erstreckt sich das gesammte Australien von S. nach N. über 1200 Meilen in die Breite, indem es sich zwischen dem 50° S. Br. bis zu dem 30° N. Br. (ungefähr) ausdehnt, in welcher Ausdehnung die Oster-Insel im O. Kerguelens-Land im W. die Pitcaire-Insel im S. und die Gruppe der Sandwich-Inseln im N. als einzelne wichtige Puncte der Grenzlinie hervortreten.

Anmerkung. Australien wurde seit dem Anfang des 16ten Jahrhunderts durch die Portugiesen (nach Magelhaens Erdumsegelung) entdeckt und ein Jahrhundert später von den Holländern wieder aufgefunden. Daher auch der Name: Neuholland.

§. 112.

Was nun — der obigen Eintheilung zufolge — zunächst Australien im engern Sinne oder das Austral-Land — den Continent von Australien — betrifft, so erscheint derselbe als eine großartige Fortsetzung des südöstlichen Asiens, wenigstens liegt er in S. O. Richtung von diesem Continent oder dessen südöstlichen Archipel (den Molukken-, Gewürz- und Sundaischen-Inseln, Kleinen Sunda-Inseln) vom 10ten Grade S. Breite abwärts, so daß das Austral-Land demnach mit dem südlichen Africa (Madagascar) und südlichen America unter gleichen Parallelen zu liegen kommt (das Cap York, die Torres-Straße, die Insel Timor etwa unter dem 10ten Grade S. Br.). Wenn hiernach die mächtige Gruppe der Sunda-Eilande und ihrer Nachbarn eine Art von Festlands-Brücke nach Asien und Hinterindien bildet; so ist es nicht unwahrscheinlich, daß das Austral-Land von hier aus seine erste oder zweite Bevölkerung erhalten hat (Papua-Neger — Malayen), wiewohl diese Thatsache in eine vorgeschichtliche Zeit fällt und mehr muthmaßlich, als erweislich ist. Und wie mit Asien gegen N. W., so scheint Australien im N. und S., mit zwei an und für sich betrachtet großen Eilanden, Neu-Guinea und Van Diemens-Land continental zusammengehangen zu haben, wenigstens erscheint das nördliche Neu-Guinea, wie das südliche Van Diemens=Land als ein zum Austral-Continente gehöriges und durch das Meer allein abgesondertes Glied, indem dieselben nur durch schmale Fahrwasser (im N. die Torres=, im S. die Basses-Straße) von ihrem Körper getrennt und demselben wie in ihrer physischen Bildung und Bevölkerung, so auch in ihrer neuesten Entwickelung (europäische Colonisation) ähnlich sind. Aus diesem Grunde lassen sich beide Inseln, nebst dem südöstlich liegenden Neu=Seeland, in der Beschreibung und Uebersicht auch zu dem Austral=Continente ziehen, wodurch die oben gegebene Eintheilung vervollständigt wird. Dieselbe würde demnach so zu stehen kommen:

I. das Austral=Land nebst den drei größern Eilanden;
II. die Austral=Inseln,
  a) diesseit des Aequators,
  b) jenseit des Aequators

oder kürzer,

I. Australes=Festland,
II. Australes=Inselland.

§. 113.

So wie die (geographische) Lage des australischen Continents, so ist auch die (physische) Gestaltung — zunächst die äußere Form eigenthümlich denn a) läuft derselbe südwärts in einer Spitze aus, zumahl wenn die Van Diemens=Land als ungetrennt von dem Continent betrachtet wird, b) erstreckt er sich von hier gegen N. bis über die Torres=Straße zur Guinea=Inselgruppe an 500 geogr. Meilen in die Länge, und nur um kaum 100 Meilen weiter in die Breite von O. nach W., wodurch ein übrigens zugerundetes Viereck entsteht, das im N. einen tiefen Meereseinschnitt hat (die Carpentaria=Bay), während die südliche Küste einen zwar länger geschweiften aber flachen Busen zeigt; c) hat der übrige Küstensaum weder an sich, mehr dergleichen busenartige Vertiefungen oder Meereseinspülungen, noch vor sich irgend eine bedeutende Insel, ausgenommen im O. (S.O.), wo die berühmten Meerbusen Botanybay, Port Jackson u. a. liegen; d) stellen sich die Küsten nicht als Terrassen dar mit mächtigen Strömen, Mündungen und Deltas, sondern als Flachküsten, die überdieß mit einem breiten Sandgürtel umzogen oder mit Dünen bedeckt, auch wohl von Korallen= und Felsenmassen umlagert sind. Durch diese und andere Eigenthümlichkeiten in seiner äußern Bauart hat der Continent etwas Einförmiges, Geschlossenes, und Schwerzugängliches erhalten. Vergl. §. 16.

§. 114.

Dem äußern Gliederbau des Continents und seiner Einförmigkeit entspricht die innere Gestalt und Beschaffenheit desselben, die ebenfalls so wenig reich als mannigfaltig an denjenigen Formen ist, die andere Continente, besonders Asien auszeichnen. Denn, so weit das Austral-Land bis dahin erforscht und bekannt geworden ist (was freileich kaum zu $\frac{5}{6}$ geschehen) enthält dasselbe a) keine lange und breite Hoch-Länder (Plateaux-Länder) mit vorliegenden Stufenlandschaften; b) keine hochaufsteigende, mächtige Gebirgszüge; c) keine undurchdringliche Urwaldungen; d) keine wasserreiche Landströme; e) keine weite und fruchtbare Thäler; f) endlich keine zahlreiche Völkerstämme, so daß in dieser und anderer Beziehung Australien selbst hinter dem südlichen Africa zurücksteht (Bewohner — Urbewohner 2 Mill.? Europäer an 100000 — jene im Abnehmen, diese im Zunehmen).

Auch das menschliche Leben und alle Verhältnisse desselben erscheinen noch sehr unentwickelt, ungestalten und ohne den Reiz des Wechsels und der Mannigfaltigkeit, welchen z. B. der nachbarliche Continent, Asien, darbietet. Denn a) die Urbewohner (von der Neger-Race mit schwarzem wolligen Haar, platten Nasen und aufgeworfenen Lippen) leben noch familien- oder höchstens hordenweise — in einem Zustande, der so weit von aller Civilisation und Cultur entfernt ist, daß es fast an die Thierheit grenzt (weshalb auch nirgends Spuren von alten Stammsagen, historischen Ueberlieferungen oder Denkmählern der Vorzeit); eine Stufe höher stehen die Malaien wahrscheinlich Ueberzügler und Uebersiedler von Asien aus — ja! b) selbst die neuere europäische Bildung ist durch deportirte Sträflinge und Verbrecher und die mühsam gelungene Entwilderung und Besserung derselben entstanden; wie auch auf der Insel Diemens-Land; — eine ganz eigenthümliche Erscheinung. Dagegen sind bis dahin entdeckt worden und zeugen von der Culturfähigkeit des Landes; a) ein kleines Hochland (von 2000 — 3000 Fuß absoluter Höhe) auf der Ostküste (Neu-Sudwales) jenseit der 1812 überstiegenen Blauen Berge (von mittlerer Höhe über 5000 Fuß), an welchen der Macquarie-Fluß entspringt, b) mehrere Gebirgszüge auf den übrigen Küstenflächen, welche gegen das Innere abfallen c) im innern oder Binnen-Lande selber weit ausgedehnte Ebenen und Niederungen, in welchen Sand- und Marsch-Boden mit Seen, Sümpfen und Morästen abwechseln, d) viele Küstenflüsse z. B. der Schwanenfluß auf der W. Küste der Hastings an der O. Küste — auch einige Binnenflüsse, wie der oben genannte Macquarie, wiewohl die meisten derselben periodisch, seicht und trocken werden und daher zur Schiffahrt nicht geeignet sind; e) endlich aus dem Pflanzen- und Thierreiche (außer den trefflich gedeihenden europäischen) solche Producte, die theils ganz eigenthümlich, theils sehr nutzbar und wohlthätig sind (das Känguruh, das Beutel- und Schnabelthier — der Kasuar, der Dingo (neuholländische Hund) — Schildkröten, Robben, Wallfische; — Palmen- und Gummibäume, die Yams-Wurzel u. s. w.). — Die höchst merkwürdigen Corallen, aus deren Kokkgehäusen Inseln erwachsen.

§. 115.

Die Niederlassungen und Ansiedlungen der Europäer auf dem Festlande von Australien, gingen (seit 1788 ungefähr 20 Jahre nach Cooks erster Seereise) von der Ostküste (N. Südwales) wie in N. A. aus, wo Cook die von ihm bekannte Kräuter-Bay (Botanybay) um das Jahr 1770 entdeckte und der englischen Regierung (dem Parlamente) zur Ansiedelung empfahl. Diese sandte 1787 die ersten Schiffe mit Criminal-Verbrechern (beiderlei Geschlechts) — und seitdem wiederholend dorthin ab, um sie unter Aufsicht und Leitung eines Staatsbeamten (Gouverneurs) durch eine geregelte Arbeit und Thätigkeit (Acker- und Häuserbau, Viehzucht u. s. w.) verbunden mit der Aussicht auf Eigenthum und Freiheit wieder an bürgerliche Gesetze und Ordnung zu gewöhnen, und hierdurch auch moralisch zu bessern. Dieser so wohlerdachte Corrections-Versuch, dem jedoch auch Handelszwecke zum Grunde lagen) gelang um so mehr, da die neugewählte Meeresbucht (Port Jackson) nördlich von Botanybay, als auch die vorliegende Küstenterrasse aller Anforderung und Bedürfnissen einer Ackerbaucolonie entsprach. So erhoben sich in einem bis dahin wüsten Asyl unter den Händen von Menschen, die die bürgerliche Gesellschaft ausgestoßen hatte, in Verlauf von noch nicht 50 Jahren die drei Städte Sidney und Paramatta auf der Küste, und Bathurst jenseit der Blauen Berge — im Hochlande Sidney — die Hauptstadt des Colonie-Bezirks und Sitz des englischen Statthalters — auf europäische Art angelegt und gebaut — unter dem 33 — 34° S. Br. (etwa unter gleicher Parallele mit der Capstadt, mit Buenos Ayres und Montevideo), an dem geräumigsten und sichersten Hafen der Welt (Jackson neben Botanybay), mit europäischen Instituten (Gericht, Postamt, Kirchen, Schulen, Druckereien, Zeitungen, Theater) und 20000 Einwohner, Paramatta im Hintergrunde der Bay, 2 Meilen westlich, Bathurst 20 Meilen gegen N.W. Beide im Aufblühen, so wie die neue englische Colonie am Schwanenflusse auf der W. K. Außer diesen füllen den District der Colonie noch mehrere Ortschaften, die an Wachsthum die Coloniendörfer des Caplandes weit übertreffen.

Auch auf der Insel Diemensland (ein südlicher Anhang des Continents) zählen die englischen Niederlassungen bereits über 10000 Köpfe und der Ertrag der Schafzucht bildet schon einen Zweig des Ausfuhrhandels; dagegen erwarten Neuguinea im N. (das größte Eiland der Erde, über 10000 Quadrat-Meilen) und die Doppel-Inseln Neu-Seeland mit einem der höchsten Berge der Neuen Welt, Egmont (über 14000 Fuß) noch die cultivirende Hand der Europäer, wozu der Reichthum ihrer Naturschätze einladet.

§. 116.

Alle übrigen Inseln (außer Neu-Guinea, Neu-Seeland und Vandiemens-Land) liegen entweder nördlich oder südlich vom Aequator und lassen sich hiernach — für den ersten Unterricht — eintheilen und wie sie hierdurch und durch ihre übrige östliche Lage sich von den vorgenannten größern unterscheiden — in welcher Beziehung sie auch die kleinern heißen; so zeichnen sie sich auch noch durch manche andere Eigenthümlichkeit aus, denn a) liegen sie zerstreut und gruppenartig (das Meer daher ein Archipel) b) zeigen sie eine von andern Inseln abweichende Entstehung, Gestalt und Bildung (Corallenbänke, plötzlich aufsteigende Berggipfel;) c) sind sie demnach, entweder flache oder niedrige Inseln, wie die Freundschaftsinseln, kaum 20 — 30 Fuß über dem Meere sich erhebend) oder hohe Berginseln. wie Otaheiti und Owaihi, mit Berggipfeln über 10000 Fuß, wie der Egmont auf Neu-Seeland; d) haben diese kleinern Inseln ein paradiesisches Klima einen fruchtbaren, an Nahrungspflanzen (Brotfruchtbaum, Pisang, Kokuspalme u. s. w.) reichen, so wie mit den schönsten Waldbäumen bestandenen Boden; e) sind die Insulaner (Malaien) theilweise (wie auf den Sandwich- und Societäts-Inseln) nach ihrer Bekehrung zum Christenthum durch Schulen und Katechismen (in der Landessprache), Erlernung von Gewerben u. s. w. civilisirt worden; f) scheinen diese Eilande zu wichtigen Stationen des Handels zwischen America und Asien bestimmt zu sein, die wichtigsten derselben und im Süden des Aequators die Gruppe der Gesellschafts- oder Societäts-Inseln (unter dem 10 — 20° S. Br. wie Brasilien), die Gruppe der Sandwichs-Inseln (die Cook-Gruppe) unter dem 20° N. Br. (Mexico).

Jene — die S. Inseln — eine von Cook (um 1770)

untersuchte hohe, bergige (und vulkanische) Gruppe, von 10 größern und vielen kleinern Inseln, reich an allen Südsee-Producten mit einem Frühlings-Klima, dabei von civilisirten (zum Christenthum bekehrten) Malaien bewohnt, insonderheit die größte Taheiti oder O-(d. h. das) Taheiti, 20 Q. M. gr. mit 10000 Fuß hohen Bergkegeln (vulkanischer Natur) und 10000 Einw. (?)

Diese — die Sandwich-Inseln — ebenfalls an 10 J. und hoch und gebirgig, wie denn die Hauptinsel Waihi (O Waihi) — über 200 Q. M. — die höchste aller kleinen Austral-Inseln zu sein scheint (der Mauna Roa, ein Vulkan so hoch als der Montblanc), Boden und Klima mit allen Reizen und Segnungen der Austral-Zone ausgestattet; die Bewohner (sämmtlicher Inseln) an 200000 — zu Christen bekehrt — von Königen regiert (Tameamea I — III), treiben bereits Seehandel. Merkwürdig, daß Cook, dessen Reisen (wie früher Magelhaens um 1520) in der Entdeckungsgeschichte Australiens Epoche machen auf O-Waihi 1779 von der Hand der erbitterten Insulaner seinen in ganz Europa betrauerten Tod fand.

Druckfehler.

Seite 53 lies Ost-Sib. anstatt West-S.
und West-Sib. anstatt Ost-S.
— 82 lies Nischnei N. anstatt Nizuei, N.
— 129 lies Markgr anstatt March
— 143 lies Sanconore anstatt Sancouvre
— 144 lies Catopari anstatt Catopani
— 144 lies Pichincha anstatt Tichincha

FSC
www.fsc.org
MIX
Papier | Fördert
gute Waldnutzung
FSC® C083411

Zeitfracht Medien GmbH
Ferdinand-Jühlke-Straße 7
99095 Erfurt, Deutschland
produktsicherheit@kolibri360.de